Julian

Materia medica der Nosoden

Materia medica der Nosoden

Von Dr. Othon-André Julian †
Paris

Autorisierte Übersetzung aus dem Französischen
von H. Friz, Ulm

8. Auflage

HAUG

Karl F. Haug Verlag · Heidelberg

Die Deutsche Bibliothek – CIP-Einheitsaufnahme

Julian, Othon-André

Materia medica der Nosoden/von Othon-André Julian. Autorisierte Übers. aus dem Franz. von H. Friz. – 8. Aufl. – Heidelberg: Haug, 1994

(Homöopathie)

ISBN 3-7760-1449-0

2. Auflage 1975–7. Auflage 1991

8. Auflage 1994

Titel-Nr. 2449 · ISBN 3-7760-1449-0

Gesamtherstellung: Druckerei Heinrich Schreck KG, 67487 Maikammer

Inhalt

Einführung

Definition: Die Nosoden sind homöopathische Präparate, die aus Mikrobenkulturen, aus Viren, aus Sekreten oder pathologischen Exkreten gewonnen werden.

Isopathisch nennt man solche Nosoden, die aus einer vom Kranken selbst herrührenden Quelle stammen.

Herstellung und Absatz von Nosoden unterliegen in Frankreich einer von der Regierung ausgestellten Autorisierung, die in einem Dekret zu den durch Gesetz vom 14. Juni 1934 vorgesehenen Bedingungen niedergelegt ist.

Die Nosoden werden von der 3. centesimalen oder von der 6. dezimalen Potenz ab geliefert.

Die Nosoden müssen nachweislich steril sein.

Historisches: Die Entstehung der westlichen medizinischen Kultur beruht vor allem auf Hippokrates.

Hippokrates gibt schon eine Indikation der Isotherapie, wenn er schreibt: „Vomitus vomitu curantur". (Abhandlung über Körperteile des Menschen 1, 688).

Im 15. Jahrhundert behandelte Robert Fludd Schwindsüchtige mit Verdünnungen ihres Auswurfs.

Im 16. Jahrhundert empfahl Oswald Crollius in seinem Buch „Signaturen und Entsprechungen" die Anwendung der Isopathie.

Aus dem Fernen Osten ist bekannt, daß die Chinesen seit sehr langer Zeit schon eine Art vorbeugende Impfung anwandten, indem sie die eingetrockneten, vom Kranken gewonnenen Blatternsekrete aufschnupfen ließen.

Im Jahre 1798 übernahm Jenner in einer etwas abgewandelten Form die Praktiken der Chinesen.

Auch Paracelsus, der „elende Arzt", wie ihn Allendy nennt, hatte ebenfalls schon über die heilende Wirkung der Anwendung von Krankheitsstoffen berichtet.

Die eigentliche Behandlung mit Nosoden beginnt jedoch erst mit dem deutschen Tierarzt Wilhelm Lux, geboren am 6. April 1776 im schlesischen Oppeln. Er wendet die Homöopathie in der Veterinärmedizin vom Jahre 1820 ab an. Als ein ungarischer Großgrundbesitzer ihn bittet, homöopathische Heilmittel gegen Räude und Rotz zu liefern, versucht er das „Simile", das ihm fehlt, durch ein „Aequale" zu ersetzen, indem er von einem an Räude erkrankten Tier einen Tropfen Blut nimmt und ihn bis zur 30. Centesimale potenziert; dasselbe macht er mit dem Nasenschleim eines Tieres, das an Rotz erkrankt war.

Etwas später verwendet auch der Amerikaner Constantin HERING die Krankheitsprodukte, die Nosoden, u. zw. um das Jahr 1831, aber er gibt ihnen eine pathogenetische Grundlage und wendet sie nicht als „Aequalia" an, sondern als „Simillima".

Aus diesem Grund ist auch HAHNEMANN nicht ein unbelehrbarer Gegner der Nosoden und er schreibt in der 4. Auflage seines „Organon" (Verlag Baillière 1856), § 56 (1): „Man möchte gerne eine 3. Kurart durch Isopathie, wie man sie nennt, erschaffen, nämlich mit gleichem Miasma eine gleiche vorhandene Krankheit heilen. Aber, gesetzt auch, man vermöchte dies, so würde, da sie das Miasma nur hoch potenziert, und folglich, verändert dem Kranken reicht, sie dennoch nur durch ein, dem Simillimo entgegengesetztes Simillimum die Heilung bewirken."

Das will nicht heißen, daß HAHNEMANN seine Meinung nie geändert hat; vielmehr war er manchmal der Sache gegenüber feindlich eingestellt (s. § 56 – Note a – 6. Ausgabe „Organon", franz. Übersetzung von Pierre SCHMIDT, Genf), manchmal aber begünstigte er sie. (Vgl. HAHNEMANNS Schreiben an die „Bibliothèque Homoeopathique" wegen Veröffentlichung des Briefes von JOLY, der HAHNEMANN den Erfolg von M. THEUILLE während der Pest von Konstantinopel berichtete.)

Im Jahre 1895 veröffentlicht der Reverend Pater Dr. COLLET bei Baillière in Paris sein Buch: „Isopathie, Methode von Pasteur auf internem Wege".

Weil COLLET fern von einem Ort wohnte, wo man homöopathische Medikamente erhalten konnte, er wohnte ja in Mossul, kam er auf die Idee, pathologische Stoffe in homöopathischer Dynamisierung anzuwenden, und erzielte damit sehr schöne Erfolge. So benützte er z. B. die Tränen von Kranken in der D 6 oder D 12 und erreichte damit Besserung oder Heilung bei schwerer Conjunctivitis, bei ulceröser Keratitis, bei Nyktalopien, Hemeralopien, bei Tumoren der Tränendrüsen, bei Tränenträufeln usw. Mit diphtherischem Sekret heilte er schwere Anginen, mit Bronchialschleim fieberhafte oder chronische Katarrhe, mit Pharynxschleim katarrhalische Otitis usw. Er wandte Urin an, Schweiß, seröse Hautabsonderungen, Blut aus einem Ulcus varicosum, Blut, das er aus einem Kropf gewonnen hatte, und er versuchte sogar, wenn keine spontane Sekretion vorhanden war, Serum auf artifiziellem Wege zu gewinnen.

COLLET wendet die 1. und die 6. CK[1]) für akute oder durch Unfälle hervorgerufene Krankheiten an, die 6. bzw. die 15. CK und die 30. CK bei chronischen Erkrankungen.

---

[1]) K = Verfahren KORSAKOW.

Die Behandlung mit Nosoden ist in den angelsächsischen Ländern gebräuchlich, ebenso in Frankreich, sie ist jedoch wenig bekannt oder nur selten gebräuchlich in den deutschsprachigen Ländern.

Allgemeine Betrachtung über die Nosoden

Die Anwendung der homöopathischen Behandlung mit Nosoden hat nach ALLENDY, FORTIER-BERNOVILLE, MARTINY u. a. 3 Aspekte:

a) die symptomatische Ähnlichkeit, d. h. die Verschreibung der Nosode erfolgt nach der grundlegenden homöopathischen Regel des Simillimum.

b) die aktuelle ätiologische Ähnlichkeit, die gerade in der Entwicklung begriffen ist;

c) die anamnestische ätiologische Ähnlichkeit hinsichtlich einer alten, scheinbar geheilten Krankheit.

Bezüglich der Anwendung des Heilmittels nach der symptomatischen Ähnlichkeit ist wenig zu sagen, denn sie betrifft die übliche Arbeit des homöopathischen Arztes.

Die aktuelle Ätiologie betrifft die Verschreibung von *Pertussinum* bei Keuchhusten, *Staphylococcinum* bei einem Furunkel usw.

Hierbei stützt man sich jedoch auf eine als bereits bekannt vorausgesetzte Ätiologie, obwohl man weiß, daß unsere Kenntnisse von der Biologie der Mikroben sich jeden Tag weiterentwickeln.

Darum soll ein Furunkel nicht lediglich mit *Staphylococcinum* oder *Anthracinum* oder *Pyrogenium* behandelt werden, sondern entsprechend dem jeweiligen Krankheitsbild anfangs z. B. auch mit *Belladonna* oder *Hepar sulf.;* ferner mit *Apis* oder *Tarantula;* wenn Verbrennungen oder phlegmonöse Tendenzen vorliegen, mit *Merc. sol.,* wenn die Resorption sich verzögert, mit *Calc. sulf.* zur Erleichterung der Entleerung, mit *Silicea,* um die Eiterung zu beenden, mit *Echinacea* bei einer schweren Infektion. *Anthracinum* D 10 oder D 15, *Pyrogenium* D 10 und D 15 sind nützlich und angezeigt entsprechend dem jeweiligen Entwicklungsstadium; zu Anfang kann eine Gabe *Anthracinum* D 20 oder D 15 die Reifung des Furunkels unterstützen; in der Bildungsphase beschleunigt *Pyrogenium* D 15 oder D 20 die Entwicklung, und ich zögere nie, im Wechsel mit dem passenden homöopathischen Arzneimittel mehrmals täglich *Anthracinum* D 10 oder *Pyrogenium* D 10 zu verschreiben.

Dasselbe gilt zum Beispiel für einen Fall von Erysipel, wo die Trias *Belladonna, Apis* und *Rhus tox.* als nützlich angesehen werden kann, dessen septischer Zustand jedoch *Anthracinum* D 15 in 3tägigen Abständen und *Anthracinum* D 10 2- bis 3mal täglich verlangt.

Eine akute Erkrankung wie der Herpes zoster dürfte, von seltenen Ausnahmen abgesehen, eine Wunderkur für den homöopathischen Arzt ermöglichen.

Nachstehend ein therapeutisches Schema[1]), wie ich es seit Jahren anwende: Jeden Abend gegen 21 Uhr[2]) eine Gabe in der folgenden Reihenfolge: *Variolinum* D 15 (oder *Vaccinotoxinum*) am 1. Abend, *Arsenicum* D 15 am 2. Abend, *Staphylococcinum* D 15 am 3. Abend, *Rhus tox.* D 15 am 4. Abend, *Vaccinotoxinum* D 20 am 5. Abend. – Drainage tagsüber mit je 2 Körnchen von *Rhus tox.* D 3, *Hypericum* D 3, *Pyrogenium* D 10 oder *Anthracinum* D 10, je nach Zustand; endlich eine Salbe auf der Basis von *Hydrocotyle.* Wohlverstanden: es gibt noch andere homöopathische Mittel, die man beim Herpes zoster verschreiben kann, z. B. *Arsenicum; Mezereum; Sulfur; Croton* usw. Ich habe oben nur ein Beispiel angeführt, um den Einsatz einer Nosode zu verdeutlichen. Und wir haben Beobachtungen publiziert, die den Rückschluß erlauben, daß eine Gürtelrose im Durchschnitt innerhalb 12 Tagen geheilt werden kann.

Bezüglich der anamnestischen Ätiologie erscheint uns die Rolle der Nosoden immer noch wichtig und für bestimmte von ihnen sogar fundamental.

Dr. Poisson (Le Havre) hat erst kürzlich von einer Patientin berichtet, die an einem schweren Syndrom von Unterernährung und post-traumatischen Depressionen litt, wo jede allopathische und homöopathische Behandlung versagt hatte, und die mit einer Dosis *Paratyphoidinum B* D 20 wunderbar verändert und geheilt wurde.

Mein von mir sehr vermißter Freund, Herr Dr. Pfister aus Saverne, bei dem ich im Jahre 1935 meinen ersten Unterricht erhielt, hat in den „Journées Homoeopathiques Alsaciennes" im Mai 1938 berichtet, daß eine genuine Epilepsie mit einseitiger Ischias seit mehreren Jahren durch Verordnung von *Eberthinum* geheilt ist, das auf Grund von Typhus in der Anamnese ausgewählt worden war.

Dr. H. Bernard[3]) berichtet über den Fall eines Kranken, der an einer chronischen Bronchitis mit Fröstеligkeit, unreiner Haut und Kratzwunden litt und mit einer Gabe *Psorinum* C 200 geheilt wurde.

Diese Beispiele lassen uns die Bedeutung einer genauen Befragung des Kranken und die Möglichkeit einer Anwendung von Nosoden begreifen. – Sie waren zuerst ein ätiologisches Heilmittel, wurden aber bald ein „Heilmittel des Terrains", das sehr nützlich ist bei den großen psorischen, sykotischen, tuberkulinischen und luetischen Syndromen, bei krebsartigen Zuständen, bei allgemeinen krankhaften Veränderungen.

---

[1]) s. Artikel „Zona" in meinem Buch: Etudes Homoeopathiques cliniques et thérapeutiques. Bd. 1, Verlag Peyronnet.

[2]) Uhrzeitangabe erfolgt in 24-Stunden-Zählung.

[3]) Bernard, H.: Beobachtung über einen Psorinum-Fall (Homoeopathie moderne 5, 20 [16. Dezember 1936]).

Verschreibung einer Nosode: In Wirklichkeit muß das klinische Kriterium der Leitfaden bei der Verordnung des Arztes sein.

Man kann zwar für die Verschreibung der Nosoden einige allgemeine Direktiven anwenden, die jedoch leicht der Gefahr unterlaufen, falsch zu sein, da sie sich von der Individualisierung entfernen.

Man kann sagen:

1. Es ist angezeigt, das Basisheilmittel für die Konstitution des Kranken sowie die jeweils passende Nosode in Hochpotenz zu verschreiben, u. zw. im Wechsel 1mal wöchentlich.

2. Es ist unerläßlich, eine homöopathische Behandlung zu verordnen, die möglichst alle Simillima-Heilmittel umfaßt.

3. Zusätzlich muß eine Drainagebehandlung der Leber und der Nieren folgen und je nach klinischer Notwendigkeit eine Drainage des Herzens, der Lunge, des Magendarmkanals usw.

4. Die Wiederholung einer hochpotenzierten Nosode hängt davon ab, ob eine akute oder chronische Erkrankung vorliegt.

In akuten Fällen kann man eine Nosode in der D 15 oder D 20 alle 3 Tage wiederholen; in mittlerer Potenz, z. B. in der D 10, kann man sie alle Tage verabfolgen.

Bei chronischen Fällen gibt man das Mittel 1mal innerhalb 7 oder 14 Tagen, später sogar nur 1mal monatlich.

Hier einige praktische Beispiele (alle in Kurzfassung):

1. Ekzem des Säuglings:

10 Monate alter Säugling, impetiginöses Ekzem mit einigen Furunkeln auf Arm und Bauch.

Behandlung: 5 Tropfen *Mezereum* D 3 morgens; 5 Tropfen *Graphites* D 8 beim Schlafengehen; eine Gabe *Anthracinum* D 15 in 2- bis 3tägigen Abständen zu wiederholen.

Heilung innerhalb 14 Tagen.

2. Enuresis:

6½ Jahre alter Junge; mager; Mikropolyadenopathie; nervös, appetitlos; Harnabgang zwischen 1 und 2 Uhr morgens.

Behandlung: Alle 10 Tage nacheinander je eine Gabe *Sil.* D 15: *Dros.* D 15; *Calc. fluor.* D 15; *Marmorek* D 15.

Jeden Tag: Vor den Mahlzeiten morgens und mittags 8 Tropfen *Dulc.* D 1 und *Avena sat.* aa; um 17 Uhr 5 Tropfen *Equis. aut.* D 3; beim Schlafengehen 5 Tropfen *Caust.* D 10.

2 Monate später: sehr gute Besserung.

Weitere Behandlung: Alle 10 Tage je eine Gabe *Calc. fluor.* D 15; *Tuberculinum* D 15; *Sil.* D 15; übrige Behandlung unverändert. Heilung.

3. Gesichtsneuralgie:

43jähr. Mann, Gesichtsneuralgie seit 3 Jahren, asthenischer Typ; mager, nervös. Verschiedene allopathische Behandlungen ohne Erfolg.

Behandlung: Alle 5 Tage nacheinander je eine Gabe *Ars.* D 20; *Caust.* D 15; *Spig.* D 20; *Tuberculinum* D 20; dazu täglich: morgens 10 Tropfen *Caust.* D 8; *Spig.* D 8; beim Schlafengehen 10 Tropfen *Ars.* D 8; *Kalm.* D 3.

1 Monat später: ausgezeichnete Besserung.

Weitere Behandlung: Alle 10 Tage nacheinander je eine Gabe *Ars.* D 15; *Hyper.* D 15; *Acon.* D 15; *Tuberculinum Residuum* D 20; täglich beim Aufwachen 10 Tropfen *Kalm. lat.* D 3; beim Schlafengehen 10 Tropfen *Ars.* D 1; *Led. pal.* D 3.

Heilung ohne Rezidive.

4. Raynaudsche Krankheit:

68jähr. Mann, Fußzehen weiß, wie „abgestorben", verschlimmert durch feuchte Kälte. Augenlider schwer, geschwollen. Hatte um das 20. Lebensjahr herum 3mal Gonorrhoe.

Behandlung: *Medorrhinum* D 15 und D 10 im Wechsel mit *Sec. corn.* D 15 und D 10.

Heilung 1 Monat später.

5. Cyclothymie — depressive Melancholie:

32jähr. Mann, fett, stark, unruhig, ängstlich, Depressionskrisen mit Weinen; Verdauungsstörungen. Hat 2 Selbstmordversuche unternommen. Kommt zu mir in stark depressiver Periode.

Behandlung: *Tuberculinum* D 20, eine Gabe alle 5 Tage; dazu täglich *Magn. phos.* D 1 trit. morgens; *Aur.* D 10 und *Chel.* D 8 abends.

1 Monat später: es geht ihm sehr gut.

An Hand dieser wenigen kurzen klinischen Beispiele wird man sich eine Vorstellung bezüglich der praktischen Anwendung der Nosoden machen können.

Klassifizierung der Nosoden

Man kann mehrere Gruppen von Nosoden aufstellen:

1. Gruppe: Reine Mikrobenkulturen.
2. Gruppe: Bestimmte Produkte der Pharmakopoe: Tuberkuline, Toxine und Anatoxine, Vaccinen, therapeutische Seren.

3. Gruppe: Vom Kranken selbst gewonnene Krankheitsprodukte. Eine diesbezügliche ausführliche Aufzählung erübrigt sich.

Ferner lassen sich die Nosoden in 2 Abteilungen gruppieren:

1. Stock-Nosoden: z. B. *Pyrogenium, Botulinum, Diphtherinum, Diphtherotoxin.; Eberthinum, Paratyphoidinum, Hydrophobinum, Influenzinum, Anthracinum, Enterococcin, Pyocyanicum, Scarlatinum, Variolinum, Ourlianum, Bach'sche Nosoden; Colibacill.; Pertussin; Ser. Anti-Colib.; Morbillinum; Malleinum; Tetanotoxin, Oscillococcin., Staphylococcinum, Streptococcinum.*
2. Diathetische Nosoden:
   a) psorische Gruppe: *Psorinum; Ekzeminum; Malandrinum; Pyorrhein.*
   b) sykotische Gruppe: *Medorrhinum; Framboesinum.*
   c) tuberkulinische Gruppe: *Tuberculinum; Tuberc. Residuum; Denys; Marmorek; Spengler; Aviaire.*
   d) luetische Gruppe: *Luesinum.*
   e) isopathische Gruppe (im engeren Sinne): Ethylicum, Schokolade, Hummer, Fette, Milch, Mehl, Blut, Menstruationsblut, Speichel, Faeces, Bronchialschleim, Schweiß, Tränen, Eiter usw.

Potenzen

Man wendet im allgemeinen die D 10, D 15, D 20, D 30 und D 60 an. Die ersten drei Dilutionen sind am gebräuchlichsten.

Die D 10 verschreibt man täglich oder jeden 2. Tag.

Die D 15 und D 20 alle 10–14 Tage.

Die D 30 und D 60 1mal monatlich oder alle 2–3 Monate.

Das gilt im Prinzip.

In der Praxis geben wir, wie bereits gesagt, bei akuten Krankheiten auch die Hochpotenzen häufiger, d.h. alle 3 Tage.

Schließlich ziehen wir häufig eine Mischung von D 15 und D 10 vor; dabei haben wir zahlreiche Vorläufer wie CAHIS, CASTUEIL, BARISHAC, FORTIER-BERNOVILLE u. a. Die Wirkung einer solchen Mischung ist schneller, tiefer, beständiger und mit weniger Nebenwirkungen verbunden.

Zusammenfassung

Die Praxis lehrt jeden die genaue Verschreibung der Nosoden. Zweifellos sind die großen diathetischen Nosoden unerläßlich bei einer homöopathischen Behandlung, die korrekt begründet ist hinsichtlich des konstitutionellen Gesichtspunktes, des Terrains, der Ätiologie und der klinischen Symptomatologie, kurz: hinsichtlich einer sorgfältigen Individualisierung des Kranken und seiner Krankheit.

Anaphylaktische Lunge

Herkunft: Meerschweinchenlunge von einem während eines anaphylaktischen Schocks getöteten Tiere.

Pathogenese:

Diese Nosode wurde zuerst von Dr. Georges DANO (Paris) angewandt.

1. Allgemeines:

Schwächegefühl morgens.

2. Psyche und Nervensystem:

Dauernder Tätigkeitsdrang.
Verringertes Schlafbedürfnis ohne entsprechende Ermüdungserscheinungen.

3. Atmungsorgane:

Retrosternales Hitzegefühl, manchmal direkt brennend.
Gefühl nasaler Kongestion mit dem Verlangen, sich die Nase zu reiben.
Gefühl laryngealer Kongestion.

4. Kreislauf:

Mäßige arterielle Hypertonie.

5. Verdauungsapparat:

Trockenheit des Schlundes mit Schluckbedürfnis.
Fehlen von Durst.
Muß sich zwingen, zu Stuhl zu gehen.

6. Urogenitalapparat:

Verspätete Menses mit dem Gefühl von Blutfülle und Schwere im Unterleib. Leukorrhoe. Uteruskrämpfe.

Klinische Indikationen:

Allergische Zustände.
Asthma. Anorexie bei Säuglingen.
Manische Psychosen.
Allergische Ekzeme.

Potenzen:

D 15 – D 30.

Anthracinum

H e r k u n f t : Es handelt sich hier um das Sekret eines bösartigen Milzbrandkarbunkels. Die heutige Pharmakologie stellt *Anthracinum* aus einem Leberextrakt von milzbrandkranken Kaninchen her.

Pathogenese:

1. Allgemeine Symptomatologie:

Der Kranke ist ein Typ, der schnell in einen septicämischen Zustand mit Asthenie, Abmagerung und starkem Durst verfällt, was sich bis zu ausgeprägter Erschöpfung entwickeln kann.

Hohes Fieber mit Angstzuständen und Delirium; fürchtet seinen nahen Tod.

2. Nervensystem:

Adynamie, gesteigerte Empfindlichkeit. Delirium.

3. Haut:

Die Haut ist meistens die für *Anthracinum* charakteristische Lokalisation:

G e s c h w ü r s b i l d u n g m i t i n t e n s i v e m , u n e r t r ä g l i c h e m B r e n n e n. Zuerst besteht eine lokalisierte, v e r h ä r t e t e Entzündung des Unterhautbindegewebes. Dann bildet sich ein b l ä u l i c h - v i o l e t t e s , fast schwärzliches Bläschen, begleitet von brennenden Schmerzen. Das Bläschen ulceriert und sondert eine eitrige, stinkende, reizende Flüssigkeit ab. Die Geschwürsbildung kann zu intensiv stinkender Gangrän führen.

Mit diesem Zustand geht eine Adenopathie mit vergrößerten, schmerzhaften Lymphdrüsen einher.

a) K o m p l i k a t i o n e n :
Hämorrhagien können auftreten mit dickem, schwarzem Blut, das sich schnell zersetzt.

b) E n t w i c k l u n g :
Die Affektion kann schnell den ernsten Charakter einer Toxämie annehmen.

4. Verdauungsapparat:

Harte, holzige Anschwellung der Parotiden und der submaxillären Drüsen, mit Vorliebe rechts.

Starker Durst.

Diarrhoe mit flüssigen, stinkenden Stühlen.

Positive Diagnostik:

Anthracinum ist durch folgende Trias charakterisiert:

a) Entzündung, bläschenartig, verhärtet.
b) Schmerzen, brennend, intensiv.
c) Sekretionen, reizend und stinkend.

Differentialdiagnostik:

Man kann die Wirkung von *Anthracinum* vergleichen mit:

Argentum met.[1]): Schmerzhaftes Gefühl von A b s c h ü r f u n g, juckend, brennend; führt zu reichlicher Sekretion mit Blutung. Anzuwenden in der D 10 mittels subcutanen Injektionen.

Arsenicum: Der Kranke ist aufgeregt, ängstlich; Verschlimmerung von Mitternacht bis 3 Uhr; brennende Schmerzen, Besserung durch Wärme.

Acidum carbolicum: Allgemeiner Gestank, Gefühl von heftigen Verbrennungen, die jedoch brüsk und kurz sind.

Lachesis: Große Empfindlichkeit bei Berührung; dunkelblaue, livide Infiltrationen, mit Neigung zu Geschwür- und Gangränbildung. Dunkles Blut, das schlecht oder zu schnell gerinnt.

Pyrogenium: Furchtbar stinkende Absonderungen; Dissoziation von Temperatur und Puls; Delirium, Agitation, Herzkollaps.

Tarantula: Die Schmerzen zwingen den Patienten zum Herumgehen; Besserung durch Rauchen.

Ferner sind zu merken: *Carbo veg.; Crot.; Echin.; Euphorb.; Sec.*

Klinische Diagnostik:

a) K a r b u n k e l :

Absonderung von stinkendem Eiter *(Ars. alb.)*.

---

[1]) JULIAN, O.: Etudes Homoeopathiques — Cliniques et Thérapeutiques. S. 171. Paris Ed. Peyronnet.

b) S e p t i c ä m i e :
Mit Erschöpfung, Adynamie, fadenförmigem Puls, Hyperthermie, Kollaps, Delirium *(Pyrog.)*.
c) G a n g r ä n ö s e P h l e g m o n e : *(Ars.; Lach.)*.
d) P a n a r i t i u m : *(Pyrog.; Tarant.)*.
e) F u r u n k e l – A n t h r a x – E r y s i p e l.
f) A k n e.
g) E n t z ü n d u n g d e r P a r o t i d e n u n d d e r s u b m a x i l l ä r e n D r ü s e n.
h) A k u t e G a s t r o - E n t e r i t i s.

Potenzen:

D 10 – D 15 – D 20.
Die Tiefpotenzen (D 10) müssen täglich mehrmals gegeben werden.
Die höheren Potenzen (D 15 – D 20) alle 3–5 Tage.

Anmerkungen:

Auf Grund klinischer Erfahrungen können wir *Anthracinum* als wertvolles Mittel empfehlen.

Das Mittel allein reicht jedoch zur Heilung der oben angeführten klinischen Krankheiten nicht aus.

Seine Wirkung ist am besten, wenn man es gleich anfangs verschreibt, u. zw. in höheren Potenzen (D 15 oder D 20), jeden Abend eine Gabe, 3 Tage hintereinander. Der Effekt wird im Anfangsstadium der Krankheit am wirksamsten unterstützt durch *Bell.* und *Hep. sulf.*, in der Folge durch *Tarant.* und *Ars.*; diese Mittel werden alle in mittleren Potenzen verschrieben (D 10).

Ich gebe auch häufig *Arg. met.* D 10 dazu.

Aviaire

H e r k u n f t : *Aviaire* gewinnt man aus Kulturen von Tuberkelbazillen von Vögeln. Es wird in einer Glycerin-Lösung nach derselben Technik wie das eigentliche Tuberkulin hergestellt und in konzentrierter, filtrierter Form von den Tierärzten angewandt.

Das Tuberkulin, das man aus dem Aviaire-Bacillus erhält, ist, bakteriologisch gesehen, weniger wirksam als das aus dem menschlichen oder bovinen Bacillus Koch gewonnene.

Dr. François CARTIER führte im Jahre 1896 das *Aviaire* in die homöopathische Therapie ein. JOUSSET sen. stellte das erste Präparat her und versuchte es bei menschlicher Tuberkulose.

SOURICE (Le Havre) und Edouard VANNIER (Rouen) haben Beobachtungen mit *Aviaire* veröffentlicht. Die „Materia Medica" von BOERICKE und das „Dictionnaire" von CLARKE erwähnen es ebenfalls.

Pathogenese:

Genaugenommen weist es keine Arzneimittelprüfungen nach den HAHNEMANNschen Bestimmungen auf.

Nach CARTIER kann *Aviaire* bei 2 klinischen Kategorien angewandt werden:

a) B e i a k u t e n b r o n c h o - p u l m o n ä r e n E r k r a n k u n g e n, z. B. bei Grippe mit Lungenkomplikationen, bei Masern mit kapillären und broncho-pulmonären Komplikationen und bei Broncho-Pneumonie von Kindern.

Es handelt sich um eine akute Lungenerkrankung mit einseitiger Lokalisation in einer Lungenspitze.

CARTIER bezeichnet „Aviaire als wunderbares Mittel in der Kinderheilkunde".

Bei Masern ist es indiziert, wenn der Ausschlag abzublassen beginnt und broncho-pulmonäre Komplikationen eintreten.

b) B e i p a r a t u b e r k u l ö s e n Z u s t ä n d e n, bei asthenischen Tuberkulinikern mit verschleierten Lungenspitzen.

Positive Diagnostik:

a) Asthenie – Abmagerung – Anorexie.
b) Akuter lauter Reizhusten.
c) Fehlende Abwehrreaktion des Organismus.
d) Schmerzen in den Lungenspitzen.
e) Hypertrophie der Drüsen.
f) Schmerzen in den Handflächen, die ebenso wie die Ohren heiß sind.

Differentialdiagnostik:

Arsenicum jod.: Abmagerung, chronische Reizung der Atemschleimhäute, akute oder chronische Adenopathie, trockene oder feuchte Hautausschläge.

Ferrum phos.: Kongestive Schübe; Fieber mit reichlichem Schweiß, spasmodischer Husten.

Sulfur jod.: Morgens Schwäche, Hypertrophie der Mandeln und der Lymphknoten, chronische Hautausschläge, Reizzustand der Zirkulation, heftiger Husten mit erschwerter Atmung.

Klinische Diagnostik:

a) Grippezustände.
b) Grippöse Bronchitis.
c) Lungenkongestion.
d) Grippöse Pneumonie.
e) Broncho-Pneumonie der Kinder.
f) Masern mit Lungenkomplikationen.
g) Infantiles Asthma mit Fieberschüben.

Potenzen:

D 10 – D 15 – D 20.

CARTIER schreibt, er gebe *Aviaire* „fast immer in der 100. Potenz (K), u. zw. in wiederholten Dosen und in einem Trank mit 5 oder 6 Tropfen täglich."

Anmerkungen:

Obgleich für *Aviaire* leider noch keine genaue Pathogenese aufgestellt wurde, kann ich auf Grund meiner persönlichen klinischen Erfahrung doch bestätigen, daß diese Nosode bedeutsame Wirkungen entwickelt.

Bei akuten Lungenerkrankungen, hauptsächlich von Kindern, bei Kongestionen und akuten oder verschleppten Broncho-Pneumonien erscheint mir die Wirksamkeit von *Aviaire* unbestreitbar.

Zu Beginn einer Bronchitis, im Verlaufe von Masern mit bronchitischen Begleiterscheinungen und bei beginnender Pleuritis war ich immer glücklich, wenn ich *Aviaire* mit anderen homöopathischen, dem Simillimum des Falles entsprechenden Mitteln verschreiben konnte.

Bei Asthma der Kleinkinder, weniger der Adoleszenten, erweist sich *Aviaire* neuerdings als ein sehr nützliches und sicher wirkendes Mittel.

Bacillinum

H e r k u n f t : Die Herkunft dieses Mittels ist nicht eindeutig definiert, denn es wird aus einem Eitertropfen hergestellt, der von einem tuberkulösen Lungenabsceß oder von tuberkulösem Auswurf gewonnen wird; in beiden Fällen ist jedoch Vorbedingung, daß unter dem Mikroskop der Kochsche Bacillus nachweisbar ist.

Gegenwärtig finden wir das Mittel nicht mehr in der französischen Pharmakopoe.

Pathogenese:

1. Allgemeine Symptomatologie:

Veränderlichkeit der Symptome bei Kindern oder Erwachsenen, die kein „Sitzfleisch" haben.

Der Kranke hat tiefsitzende Kopfschmerzen, Ekzeme der Augenlider, er hustet und spuckt.

2. Nervensystem:

Der erwachsene Bacillinum-Kranke ist niedergeschlagen, traurig, reizbar.

Er fühlt sich nirgends wohl, möchte ständig den Aufenthaltsort, das Land und den Arzt wechseln. Er hat kein „Sitzfleisch". In seinem eigenen Zimmer fühlt er sich nicht behaglich, sondern wie ein Fremder.

Er leidet an h ä u f i g e n E r k ä l t u n g e n , weiß aber nicht, wie und woher das kommt. Heftige, t i e f s i t z e n d e , abstumpfende Kopfschmerzen, die sich durch vollständige Ruhe bessern und sich bei der geringsten Kopfbewegung verschlimmern.

L o k a l i s a t i o n :

Häufig in der rechten supraorbitalen Gegend, nach rückwärts in die Hinterhauptgegend ausstrahlend.

Gefühl einer K o p f u m k l a m m e r u n g , wie durch einen Eisenreif *(Cact.)*.

H ä n d e z i t t e r n.

Gefühl von Frische, Feuchtigkeit, als ob die Kleider im Rücken feucht wären.

Das Bacillinum-Kind ist ein unruhiges, zerstreutes, mageres Kind. Es ist furchtsam, vor allem fürchtet es sich vor schwarzen Hunden.

Häufig aufgeweckt, d. h. frühreif in physischer Hinsicht, mager, schwächlich. Es ißt gut, wird jedoch nicht dick.

Beklagt sich über Kopfschmerzen, besonders nach Schularbeiten.

Kopfschmerzen bei Studenten, verschlimmert durch die geringste geistige Anstrengung, begleitet von schlechter Sehkraft (Myopie).

Schlaf:

Beim Erwachsenen: Schlaflosigkeit während der Kopfschmerzkrisen.

Der Kranke ist tagsüber schläfrig, nachts aber unruhig.

Beim Kind: Unruhiger Schlaf, mit Alpdrücken und nächtlichen Halluzinationen.

3. Augen und Ohren:

Lidekzeme.

Ekzeme der Gehörgänge.

Impetigo hinter den Ohren.

4. Atmungsorgane:

a) Nase:

Kleine schmerzhafte Furunkel, hauptsächlich an den Nasenlöchern. Ausfluß von stinkendem, grünlichem Eiter. Ozaena.

b) Lungen:

Bronchitis mit Husten, der den Kranken in Stößen schüttelt und ihn ermüdet. Kitzelnde Schmerzen im Schlund, die den Husten auslösen. Reichlicher, schleimiger oder schleimig eitriger Auswurf. Hustet nachts mehr, aber häufig schläft der Kranke weiter, ohne durch den Husten aufgeweckt zu werden.

Hustet im Schlaf.

5. Verdauungsapparat:

a) Mund:

Zahnschmerzen. Zähne empfindlich gegen frische Luft. Die Zahnwurzeln sind schmerzhaft. Reichlicher Zahnstein. Bei Kindern stoßen die Zähne schlecht durch.

b) Magen:

Aufgetriebensein des Magens mit zwickenden Schmerzen unter den Rippen, rechts.

Appetit vermindert oder stark vermehrt, worauf Abmagerung eintritt.

c) Abdomen:

Aufgetriebensein, Meteorismus, verhärtete Leistendrüsen. Schwärzliche, wäßrige Stühle wechseln mit hartnäckiger Verstopfung ab. Manchmal intestinale Hämorrhagien. Die Diarrhoe tritt morgens auf, sie ist drängend und von Schweiß und Unwohlsein begleitet.

6. Urogenitalapparat:

Blasser, reichlicher Urin mit weißlichem Sediment. Nykturie.

Dysmenorrhoe, sehr schmerzhaft mit reichlichen, verlängerten Menstruationen.

7. Bewegungsorgane:

Große Schwäche im Rücken.

Schmerzen im linken Knie, verschlimmert zu Anfang einer Bewegung, dann jedoch durch längerdauernde Bewegung, z. B. einen Marsch, gebessert.

8. Haut:

Kopf-Impetigo; Pityriasis versicolor; schuppendes, ausgedehntes, pruriginöses Ekzem.

Kopfekzem

nässend, hinter den Ohren und in den Hautfalten.

Im Gesicht

finden wir hauptsächlich auf der linken Wange kleine Knötchen, vom Typ der juvenilen Akne, die jedoch sehr lange andauern *(Anthr.)*.

Haarschwund

auf der Kopfhaut.

9. Fieber:

Fieberanfälle mit Hitzewallungen und Schwitzen.

10. Modalitäten:

Verschlimmerung durch Bewegung, durch kalte Luft nachts und gegen Morgen.

Besserung durch Lagewechsel, durch anhaltende Bewegung.

Positive Diagnostik:

Für *Bacillinum* ist charakteristisch:
Der Kranke kann nicht stillsitzen.
Tiefsitzende Kopfschmerzen, verschlimmert durch Bewegung.
Lidekzeme. Impetigo.
Chronischer Husten mit schleimig-eitrigem, reichlichem Auswurf.

Differentialdiagnostik:

Bacillinum kann verglichen werden mit:

Belladonna: Die Symptome beginnen abrupt und hören abrupt auf. Der Belladonna-Kranke ist überempfindlich gegen Licht. Die Kopfschmerzen bessern sich durch straffe Bandagierung.

Chamomilla: Der Kranke hustet nachts im Schlaf, er ist lebhaft, verträgt Schmerzen schlecht, hat unerträgliche Schmerzen.

Graphites: Der Kranke ist indolent, apathisch, fettleibig, verstopft; der Ausschlag ist dick, honigartig.

Lac caninum: Es ist ein Wechselmittel, das jedoch besondere Modalitäten aufweist: Rheumatische Schmerzen, gekreuzt auftretend.

Natrium mur.: Der Kranke ist deprimiert, mit chronischen Kopfschmerzen, anämisch, er magert ab; Fissur an der Unterlippe in der Mittellinie. Großes Verlangen nach Salz.

Pulsatilla: Der Kranke ist weich, weinerlich; labiler Charakter. Hyposthenische Dyspepsie und Störungen durch venöse Stasen wechseln miteinander ab. Katarrhalische Reizung der Schleimhäute mit gelblichgrünem, dickem, nicht reizendem Auswurf.

Potenzen:

D 15 – D 20 – D 30.
Das Mittel muß 1mal wöchentlich, alle 14 Tage oder 1mal monatlich wiederholt werden.

Klinische Diagnostik:

Bacillinum weist ganz verschiedenartige Indikationen auf, denn sein Wirkungsbereich erstreckt sich über das Nervensystem auf viele Organe.

1. Allgemeine Krankheiten:
Zustand von Unterernährung. Magerkeit.
Wachstumsstörungen von Kindern bei tuberkulöser Heredität.
Tuberkulinische Zustände (Syndrom von Burnand-Jacquelin).

Rachitis. Skrofulose.
Addisonsche Krankheit.

2. N e r v e n s y s t e m :
Idiotie – Hydrocephalus.
Psychische Unbeständigkeit.
Kopfschmerzen bei Schülern.
Schlaflosigkeit bei Kindern.

3. A u g e n und O h r e n :
Ekzeme der Lider und der Gehörgänge.

4. A t m u n g s o r g a n e :
Laryngitis tuberculosa.
Chronische Bronchitis.
Feuchtes Asthma.
Bronchiektasien.
Lungenabscesse.

5. V e r d a u u n g s a p p a r a t :
Zahncaries, hauptsächlich bei Kindern.
Intestinale Tuberkulose.

6. U r o g e n i t a l a p p a r a t :
Adnexitis – Salpingitis – hauptsächlich tuberkulöser Ätiologie.
Inguinaldrüsenentzündungen.

7. B e w e g u n g s o r g a n e :
Arthrosen der Knie.
„Rheumatismus“ von PONCET-LERICHE (tuberkulöser Art).

8. H a u t :
Alopecie.
Impetigo.
Pityriasis versicolor.

Anmerkungen:

Hier müssen wir noch das *Bacillinum testium* erwähnen (Herkunft: Hodentuberkulose). Gemäß den Indikationen von BURNETT ist es bei der männlichen Genital-Tuberkulose, bei Inguinaldrüsenentzündungen und bei Mesenterial-Tuberkulose zu verordnen.

Bacillinum wurde von KENT und von CLARKE geschätzt.

CARTIER verschrieb es gern bei reichlichem Bronchialsekret.

Bei tuberkulinischen Zuständen verschreibt Dr. RENARD (Paris) nach den Indikationen, die er von Frau Dr. Margaret TYLER (London) erhielt, eine Gabe *Drosera* D 15 und 14 Tage später eine Gabe *Bacillinum* D 20.

VOISIN betrachtet *Bacillinum* als ein Mittel, das zwar schnell, jedoch unzuverlässig wirkt.

Wir selbst haben *Bacillinum* als günstig erprobt bei Kindern, die schlecht wachsen, bei tuberkulinischen Zuständen (Syndrom BURNAND-JACQUELIN) und bei Bronchiektasien von Kindern. Im letzteren Fall war die Wirkung von *Bacillinum* ausgesprochen gut.

B. C. G.

H e r k u n f t : Es handelt sich um eine Suspension lebender Mikroben aus Kulturen eines künstlich abgeschwächten Stammes. A. CALMETTE und G. GUÉRIN haben sie unter dem Namen B. C. G. beschrieben.

Pathogenese:

Es gibt keine homöopathischen Arzneimittelprüfungen dieses Präparates. Man kann ein pathogenetisches Bild auf Grund der Folgeerscheinungen einer antituberkulösen Impfung aufstellen.

Positive Diagnostik:

a) Isoliertes leichtes Fieber, selten und von kurzer Dauer.
b) Anorexie, Gewichtsverlust, Verdauungsstörungen.
c) Anhaltende Asthenie.
d) Hypertrophie der Mediastinaldrüsen.
e) Rezidiv einer frischen Pleuritis.
f) Arthralgien; Hautausschläge.
g) Eiternde Drüsenentzündungen.

Differentialdiagnostik:

Aviaire: vgl. den entspr. Abschnitt.

Baryta carb.: Hypertrophie der Lymphdrüsen und Mandeln mit häufigen Entzündungen und Eiterungen. Die Kinder sind langsam im Begreifen.

Calcarea phos.: Wachstumsstörungen mit Magerkeit, Knochenbrüchigkeit und Rückgratsverkrümmung. Empfindlichkeit bei Wetterumschwung; Knochenschmerzen während des Wachstums. Die Kinder sind zerstreut und unaufmerksam.

Natrium mur.: Abmagerung; Anorexie; Depression; chronischer Schnupfen; Schwächeanfälle um 10 Uhr.

Silicea: Neigung zu Eiterungen. Magerkeit, Schwäche, Frösteligkeit, Demineralisation, fehlende Reaktionsfähigkeit des RES. Moralische Depressionen und Überempfindlichkeit.

Klinische Diagnostik:

a) Entzündung nach Schutzimpfung.
b) Erythema nodosum.
c) Asthenie mit chronischer Hypotonie.
d) Tuberkulinischer Zustand.
e) Hypertrophie der Mandeln.
f) Tuberkulöser Rheumatismus von PONCET-LERICHE.

Potenzen:

D 10 – D 15 – D 20.

Botulinum

Herkunft: Es handelt sich um das Toxin von Clostridium botulinum, hergestellt aus verdorbenem Schweinefleisch.

Pathogenese:

Es gibt keine homöopathischen Arzneimittelprüfungen dieses Präparates. Die Anwendung geschieht nach den pathologischen Symptomen von vergifteten Personen.

Positive Diagnostik:

a) Gesichtszüge ausdruckslos, Maskengesicht infolge des paretischen Zustandes der Gesichtsmuskeln.
b) Brennender Durst. Schluckstörungen.
c) Rückfluß von Getränken durch die Nase.
d) Doppeltsehen (Diplopie), Ptosis.
e) Magenschmerzen; Meteorismus.
f) Harn- und Stuhlverhaltung.
g) Lähmung der Atmung, des Sprechens, des Gehens.

Differentialdiagnostik:

Benzinum nitr.: Verlangsamte Blutgerinnung. Asphyxie der Extremitäten. Sehstörungen: Mydriasis, Nystagmus, Rollen des Augapfels.
Causticum: Chronischer Zustand mit Abmagerung, Parese und Lähmung des oberen Augenlides, der Sehnerven, der Stimmbänder, der Blase, der Därme und der Hände.
Gelsemium: Physische und geistige Schwäche mit Zittern, Paresen und Lähmungen. Fehlender Durst. Heftiger Stuhldrang.
Lathyrus: Parese oder spastische Lähmung der unteren Gliedmaßen.

Klinische Diagnostik:

a) Heine-Medinsche Krankheit.
b) Gesichtslähmung mit Ptosis nach Kälte.

c) Diphtherische Lähmung.
d) Chronische Urämie.

Potenzen:

D 15 – D 20.

Brucella melitensis

H e r k u n f t : Extrakt (ohne Zusatz eines Antisepticums) aus Kulturen verschiedener Stämme von Brucella melitensis.

Pathogenese:

Es besteht keine homöopathische Arzneimittelprüfung.

Dr. Nussbaum (Perpignan) hat im Dezember 1935 in der Zschr. „Homéopathie Française“ eine Arbeit über dieses Mittel publiziert.

Positive Diagnostik:

a) Fieberhafter Zustand mit starkem Schwitzen bei Anstrengung und nachts.
b) Muskel- und Gelenkschmerzen, hauptsächlich an den unteren Gliedmaßen.
c) Anorexie, Abmagerung.
d) Kopfschmerzen, Reizbarkeit, Nervosität.
e) Emotionelle Labilität, Schlaflosigkeit.
f) Ohnmachtsanfälle, Schwindel.
g) Verstopfung; harte, trockene Stühle.
h) Bläschenausschlag.
i) B e s s e r u n g : Durch Wärme und besonders in der Sonne.
V e r s c h l i m m e r u n g : Durch länger dauernde Anstrengung; im warmen Zimmer; durch Meereswind; durch Feuchtigkeit; durch Gewitter.

Differentialdiagnostik:

Ferrum phos.: Fieberhafte Zustände mit vollem, schnellem, weichem Puls; Durst und Schweiße, die nicht erleichtern.

Gelsemium: Allgemeine Schwäche mit Zittern, Kopfschmerzen mit Schweregefühl, Schwäche der Glieder, langsamer Puls.

Natrium mur.: Abmagerung mit Anämie; Kachexie; Depression. Kopfschmerzen, Verstopfung, Empfindlichkeit gegen Kälte. Verlangen nach Salz, Landkartenzunge.

Klinische Diagnostik:

a) Maltafieber, besonders im chronischen Stadium.
b) Myalgien.
c) Subakute Polyarthritis.
d) Orchitis und Epididymitis.
e) Neurasthenie.

Potenzen:

D 15 – D 20.

Ca-Nosoden

Wir wollen hier die verschiedenen *Ca-Nosoden* nur unter historischen Gesichtspunkten erwähnen. Sie werden heute praktisch nicht mehr angewandt und nach Ansicht verschiedener homöopathischer Autoren ist es auch nicht ratsam, sie anzuwenden.

Man hat homöopathische Potenzen aus Krebsgeweben hergestellt:

1. *Epitheliominum-Extrakt* aus einem Epitheliom.
2. *Scirrhinum-Extrakt* aus einem Scirrhus.
3. *Carcinosin-Extrakt* aus beliebigen Krebsarten.

Dr. CAHIS (Barcelona) hat *Cancero-Toxin* und *Pan-Cancro* in differenzierten und gemischten Potenzen angewandt.

Dann lobte Dr. NEBEL das *Micrococcin* in der 30., 200. und 1000. Potenz (K), das aus dem Doyenschen Mikrococcus gewonnen wird. Der Autor gibt an, er habe sehr günstige Resultate erzielt, sofern der Kranke vorher einer genau durchgeführten Drainagebehandlung unterzogen wurde.

Weiter stellte Dr. NEBEL das *Onkolysin* her, u. zw. aus einem Stamm der *Onkomyxa neoformans.* Mit diesem Präparat will der Autor interessante Resultate erzielt haben, ebenfalls nach Durchführung einer homöopathischen Drainage des Herzens, der Nieren und der Därme.

Dr. Jean ROY hat das *Oscillococcin* gelobt. Die Anwendung dieses Mittels war jedoch wirksamer bei Grippeerkrankungen und bei grippöser Otitis.

Dr. RUBENS-DUVAL erwähnt eine ganze Reihe Extrakte aus Krebsgeschwülsten verschiedener histologischer Arten, die in sehr schwacher Dosierung (D 22) und in Globuliform verabreicht werden.

Das sind kurz zusammengefaßt die historischen Unterlagen hinsichtlich der *Ca-Nosoden.*

Eine neue Aktualität ergibt sich auf Grund der klinischen Untersuchungen von Dr. D. M. FOUBISTER, Kinderarzt am „Royal London Homoeopathic Hospital“. Es handelt sich hier jedoch um eine ganz andere Richtung.

Carcinosin

Herkunft: Gegenwärtig befinden sich folgende Carcinosin-Arten im Handel[1]), die aus dem Operations-Saal des „Royal London Homoeopathic Hospital“ stammen:

---

[1]) Hersteller: A. Nelson u. Co., Ltd., 73 Duke Street, Groswenor Square, London W 1.

1. *Carcinosin-Adeno-Stom.* Potenz: D 3 – D 500
   (Adenocarcinome des Magens)
2. *Carcinosin-Adeno-Vesica* Potenz: D 3 – D 15
   (papilläre Adenocarcinome der Blase)
3. *Carcinosin-Intestinal comp.* Potenz: D 3 – D 15
   (Eingeweidekrebse verschiedener Art)
4. *Carcinosin-Scir.-mam.* Potenz: D 3 – D 100
   (Brustkrebs)
5. *Carcinosin-Squam.-pulm.* Potenz: D 3 – D 15
   (Lungenkrebs)
6. *Carcinosin* Potenz: D 3 – D 500 – D 5000 – D 25 000 – D 50 000
   (das vom Autor zuerst angewandte Präparat)

Wegen der Mannigfaltigkeit der Herstellungsarten muß der Arzt vorsichtig sein, wenn er einem Kranken eine Nosode bei einer Organerkrankung verschreiben will. Zunächst sollte bei dem Kranken jeder Verdacht auf Krebs ausgeschaltet werden. Man kann einem Lungenkranken *Carcinosin pulmonaire* verschreiben, wenn man die Gewißheit hat, daß er nicht an einem manifesten Lungenkrebs leidet.

Pathogenese:

Allgemeines

Die Verschreibung dieser Nosode wird ausdrücklich untersagt, wenn es sich um den Träger einer Krebsgeschwulst oder um Verdacht auf Krebs handelt.

Nach FOUBISTER ist dieses Mittel vor allem indiziert wegen seiner Wirksamkeit als Basismittel und seiner therapeutischen Wirkung auf die Konstitution von Kindern oder Erwachsenen, deren Vorfahren an diabetischen, tuberkulösen oder krebsartigen Erkrankungen oder an perniciöser Anämie gelitten haben.

Ferner bei Neigung zu akuten Erkrankungen, wie Lungenentzündung und Keuchhusten von Säuglingen.

Bei Kindern, die an zahlreichen akuten Kinderkrankheiten leiden.

Bei leichter, vorübergehender Hyperthermie von Kindern nach der Anwendung von *Carcinosin.*

Wirkung von *Carcinosin:* Tief und lang anhaltend.

1. Allgemeine Symptomatologie:

Kinder mit Milchkaffee-Teint, mit blauen Skleren, zahlreichen Naevi und Schlaflosigkeit.

Kinder mit der Neigung zu akuten Lungenerkrankungen (Lungenentzündung; Keuchhusten).

„Knie-Ellbogen-Lage" während des Schlafes bei Kindern. *(Medorrhinum; Calc. phos.; Lyc.; Sep.; Tuberculinum; Phos.)*

2. Psyche und Nervensystem:

a) Psyche:

Erschwertes Denken, Gleichgültigkeit.

Schlimmer durch Unterhaltung.

Selbstmordneigung. Abneigung gegen Tröstungen.

Kind hat große Angst, ist gegen Vorwürfe empfindlich, hat jedoch Sympathie für andere.

Besondere Empfindlichkeit gegen Musik und Tanz.

Angstgefühl in der Magengrube mit Brechneigung.

Verstopfung. Reiselust.

Kind geistig zurückgeblieben mit mangelndem Interesse und erschwerter Auffassungsgabe.

Ängstlicher Charakter, Kleinigkeitskrämer *(Ars.; Anac.; Nux vom.; Graph.)*.

Eigensinn *(Tuberculinum)*, Freude beim Anblick eines Gewitters *(Sep.)*.

b) Nervensystem:

Schlaflosigkeit.

Kopfschmerzen vor einem Gewitter.

Schlaf in Knie-Brust-Lage bei Säuglingen bis zu 9 Monaten.

Schlaf auf dem Rücken mit den Händen über dem Kopf bei Kleinkindern.

3. Atemwege:

Asthma, gebessert am Meeresstrand.

4. Verdauungsapparat:

Abneigung gegen Salz, Milch, Eier, fettes Fleisch, Früchte – abwechselnd mit dem Verlangen nach den gleichen Nahrungsmitteln.

Verdauungsstörungen beim Kind: Diarrhoe oder Verstopfung und Acetonämie.

Neigung zu Verstopfung.

5. Urogenitalapparat:

Nephritis albuminurica.

6. Haut:

Zahlreiche Naevi.

7. Modalitäten:

Besserung: Bei Gewitter; am Abend; am Meeresstrand.
Verschlimmerung: Am Meer (häufiger jedoch ist hier eine Besserung zu verzeichnen).

Klinische Diagnostik:

a) Schlaflosigkeit, hauptsächlich bei Kindern.
b) Charakterstörungen.
c) Diathesen: Diabetes; chronische Tuberkulose; Anämie.
d) Naevi.
e) Acetonämie.
f) Chronische Hepatitis.

Differentialdiagnostik:

Medorrhinum; Natrium mur.; Sepia; Tuberculinum; Alumina; Calcarea phos.; Dysent.-Co.; Luesinum; Lycopodium; Opium; Phosphor; Psorinum; Sulfur; Anacardium; Arsenicum; Graphites; Nux vom.

Colibacillinum und Anti-colibacilläres Serum

I. Colibacillinum

Herkunft: Mikrobenlysat, hergestellt aus 3 verschiedenen Stämmen von Escherichia coli.

Das Lysat enthält die Endotoxine des Colibacillus; es ist charakterisiert durch seine enterotropen Eigenschaften sowie durch hämorrhagische Effekte beim Kaninchen. Es ist wie das *Antisomatogen* von BOIVIN ein thermostabiles Glyko-Lipo-Polypeptid.

Diese Nosode wurde von Dr. Léon VANNIER 1933 eingeführt.

Pathogenese:

1. Allgemeine Symptomatologie:

Müdigkeit; psychische und physische Depression, die sich progressiv verschlimmert und von Verdauungs- und Harnstörungen begleitet ist. Progressives Nachlassen der organischen Widerstandsfähigkeit; verschlimmert durch feuchte Kälte und während der Verdauung, gebessert durch Wärme.

Nach der französischen homöopathischen Schule wirkt *Colibacillinum* vor allem auf ein tuberkulinisches Terrain.

2. Nervensystem:

Lässigkeit; Leeregefühl im Kopf.

Jede geistige oder körperliche Anstrengung erschöpft den Kranken.

Gedächtnisverlust; der Kranke wendet häufig ein falsches Wort an.

Vergessen kürzlich stattgefundener Ereignisse.

Furchtsamkeit. Unentschlossenheit. Unentschieden.

Kopfschmerzen: verschlimmert durch feuchte Kälte oder durch Gemütsbewegungen.

Einseitige Schwellung bzw. Auftreibung des Oberlides.

3. Verdauungsapparat:

Zunge schlaff, flach mit weiß-gelblichem Belag; in der Mitte verläuft eine rote, glatte, flache, warzenfreie Linie.

Verdauung langsam. Der Kranke klagt über gastrische Schwere und Auftreibung des Abdomens, ferner über ein empfindliches Kältegefühl mit Frösteln gleich nach den Mahlzeiten.

Verschlimmerung nach Milchtrinken.

4. Urogenitalapparat:

Störungen beim Wasserlassen; der Urin hat einen schlechten Geruch.

Häufiges Wasserlassen in kleinen Portionen, schmerzhaft mit Brenngefühl am Schluß des Urinierens. Hat das Gefühl, er müßte sofort nach dem Wasserlassen erneut urinieren.

Schmerzhafte Empfindlichkeit in der Nierengegend.

5. Modalitäten:

Verschlimmerung durch feuchte Kälte, durch Milch, nach den Mahlzeiten, am Meeresstrand.

Besserung durch Wärme.

Positive Diagnostik:

Charakteristisch ist folgende Trias:

a) Gedächtnisstörungen (verwechselt die Worte) mit Asthenie, Beklemmung, Reizbarkeit.

b) Langsame Verdauung. Einseitiges Anschwellen der oberen Augenlider.

c) Häufiges Wasserlassen. Urin trüb, übelriechend, schmerzhaft mit Brenngefühl.

Differentialdiagnostik:

Anacardium: Gedächtnisschwund, nervöse Depression, widersprechende Impulse.

Aviaire: Appetitlos, Hypertrophie der Lymphdrüsen. Verschattung der Lungenspitzen beim Atmen.

Fabiana imbricata: Cystitis, Schmerzen beim Wasserlassen, muß häufig und dringend urinieren.

Formica rufa: Düster, furchtsam, Gedächtnismangel am Abend, Kopfschmerzen mit Schwindel, Urin trüb, wandernde rheumatische Schmerzen.

Kali phos.: Reizbar, Erschöpfung nach Coitus, geistige Ermüdung, nächtliche Angstzustände, trockene Zunge, gelblich-orange Stühle.

Marmorek: Unruhig, empfindlich, bewegt, Appetitlosigkeit, glatte Zunge, Verstopfung ohne Stuhldrang, trockene Haut.

Natrium mur.: Fettige Haut; Fissur in der Medianlinie der Unterlippe; Kopfschmerzen, als ob der Kopf berste; Depression um 10 Uhr; lebhaftes Verlangen nach Salz.

Sepia: Traurigkeit, Apathie, Verlangen allein zu sein, erschwerte Verdauung, Zunge weiß belegt, Leeregefühl im Magen; Urin trübe, stinkend mit rotem Satz; Druck nach unten in der Vulvagegend.

Silicea: Mangel an Energie; Neigung zu Eiterungen; Hinterhauptkopfschmerzen; Gefühl eines Haares auf dem Vorderteil der Zunge; Verstopfung mit Stühlen, die beim Ausscheiden wieder ins Rectum zurücktreten.

Terebinthina: Urin trübe, von schlechtem Geruch.

Thuja: Schlechte Laune, fixe Ideen; Spannung des Abdomens; Varicen an den Nasenflügeln; nächtliches Wasserlassen, Schmerzen bei Beendigung des Wasserlassens und danach, dunkler Urin.

Tuberculinum: Reizbar, wandernde Schmerzen, stinkender Atem, Morgendiarrhoe; Schwierigkeiten beim Urinieren, langsamer Strahl; Urin trübe, Geruch nach gekochten Bohnen.

Klinische Diagnostik:

1. Allgemeinkrankheiten:
   Colibacillose.
   Tuberkulinische Zustände.
   Syndrom von BURNAND-JACQUELIN.
   Arthritis deformans.

2. Psyche und Nervensystem:
   Melancholie.
   Geistige Verwirrung. Verfolgungswahn.
   Schizophrene Zustände.
   Katatonische Zustände.
   Psychasthenie.
   Ängstlichkeit.
   Schlaflosigkeit.

3. Verdauungsapparat:
   Chronische Cholecystitis.
   Entzündung der Gallenwege.
   Chronische Gastro-Enteritis.
   Spastische Colitis.

4. Urogenitalapparat:
Akute und chronische Colibacillose.
Cystitis. Prostatitis.
Nierensteine.
Salpingitis. Metritis.

Potenzen:

D 10 – D 15 – D 20 – D 30.

II. Anti-colibacilläres Serum

Herkunft: Diese Nosode wird aus dem gereinigten Anti-colibacillären Serum von Ziegen hergestellt.

Sie wurde von Fortier-Bernoville im Jahre 1935 eingeführt.

Pathogenese:

Die gleiche wie bei *Colibacillinum.*

Klinische Diagnostik:

Die therapeutische Wirkung des *Anti-colibacillären Serums* scheint derjenigen von *Colibacillinum* überlegen zu sein.

Bei akuter Colibacillose ist es 2mal tgl. in der D 3 indiziert, u. zw. in Ampullen für buccale oder rectale Verwendung.

Bei chronischer Colibacillose mit Verdauungs-, Urin- und Allgemeinstörungen verschreibt man das Serum in der D 3 – D 15 – D 20.

Als D 20 ist es sehr wirksam bei geistigen Störungen, melancholischen und schizophrenen Zuständen.

Bei Cystitis, Salpingitis und Metritis gibt man die D 10 und die D 20, 1- bis 2mal tägl.

Potenzen:

Das *Anti-colibacilläre Serum* ist erhältlich in flüssiger Form, in Trinkampullen der D 3 – D 10 – D 15 – D 20.

Anmerkungen:

Die Anwendung von *Colibacillinum* und von *Anti-colibacillärem Serum* in der täglichen Praxis erscheint mir nützlich und wirksam. Aber auch hier wendet man nicht die Nosode allein an.

Bei akuten Syndromen kann man mit den mittleren Potenzen (D 8 bzw. D 10) oder mit der Tiefpotenz D 3 des *Anti-colibacillären Serums,* zusammen mit anderen homöopathischen Heilmitteln nach dem Simile-Gesetz, sehr wertvolle klinische Resultate erzielen und Besserungen sowie schnelle Heilungen erleben; besonders bei Salpingitis, Cystitis, Nierensteinen und bei Cholangiitis. Bei chronischen Erkrankungen und besonders bei Psychopathien sind *Colibacillinum* D 20 und *Anti-colibacilläres Serum* D 20 sicherlich wertvolle Heilmittel.

Depressive Psychosen, Ängstlichkeit und fixe Ideen, Beklemmungen mit Schlaflosigkeit werden ebenfalls durch *Colibacillinum* D 20 oder *Anti-colibacilläres Serum* D 20 gut gebessert.

Es wäre jedoch begrüßenswert, pathogenetische Erfahrungen zu sammeln, um auf objektive Art die jetzigen klinischen Indikationen zu untermauern.

Aber wie dem auch sei: *Colibacillinum* und das *Anti-colibacilläre Serum* sind jedenfalls wirksame Nosoden für den homöopathischen Arzt. – Beide Präparate sind angezeigt bei tuberkulinischen Zuständen mit Asthenie, Unterernährung, Anorexie und multiplen Drüsenentzündungen von Kindern, Jugendlichen und jüngeren Erwachsenen.

Man sollte immer in der Vorgeschichte des Kranken nach einer colibacillären Episode oder einer verschleppten tuberkulösen „Erstinfektion“ suchen. Dann ist *Colibacillinum* D 20 stets indiziert, jedoch nicht ausschließlich.

Denys

Herkunft: Es handelt sich um eine Nährbouillon, um ein Filtrat von Tuberkelbazillen, die dem Meerschweinchen zur Immunisation injiziert wurden. DENYS (Louvain) stellte das Mittel erstmals im Jahre 1896 her.

Pathogenese:

Sie resultiert aus der Beobachtung von Störungen, die durch übermäßigen Gebrauch der filtrierten Nährbouillon hervorgerufen wurden.

1. Allgemeine Symptomatologie:

Plötzliches Unwohlsein mit funktionellen und auch organischen Störungen bei scheinbar gesunden Personen.

Blühendes Aussehen mit rotem, kongestioniertem Gesicht.

Anfälle von Niedergeschlagenheit und plötzlicher irregulärer Schwäche.

Mangelnde Widerstandsfähigkeit gegen Ermüdung.

2. Nervensystem:

Depressionen

mit Schwäche, plötzlich und zu unbestimmten Zeiten auftretend.

Migräne

unregelmäßig, intermittierend, im Anfang heftig; Dauer veränderlich, 2 bis 3 Std. lang; manchmal auch 14 Tage dauernd; verschwindet plötzlich, um ebenso unerwartet nach 14 Tagen oder 1 bis 2 Monaten in derselben Art und Weise wieder aufzutreten.

Migräne mit oder ohne Fieberstöße.

3. Atmungsorgane:

Schnupfen

plötzlich auftretend, ohne offensichtlichen Grund, mit seröser Absonderung, die nicht reizt und plötzlich wieder verschwindet.

Heiserkeit
intermittierend mit dem gleichen Charakteristicum des plötzlichen Auftretens.
Thoraxschmerzen
besonders an Rippen und Brustwarzen, mit Vorliebe rechts.
Wiederholte Bronchitiden.
Asthma bei plethorischen Typen.

4. Kreislauf:

Präcordiale Schmerzen, mit schmerzhaften Stichen nach einem Marsch oder einer Anstrengung.

Hypotonie mit Schwächegefühl und Unbehagen.

5. Verdauungsapparat:

Anorexie von plötzlichem Charakter.

Magenstörungen mit plötzlichem Erbrechen und Unwohlsein.

Diarrhoe, hauptsächlich wäßrig oder weiche, häufige Stühle, 2–3–4 Tage andauernd und dann plötzlich aufhörend.

Plötzliche, irreguläre Blinddarmreizungen.

6. Haut:

Nässende, bläschenartige Hautausschläge.

7. Fieber:

Fieberattacken zu unbestimmten Zeiten.

Zerschlagenheit mit starker Müdigkeit.

8. Modalitäten:

Verschlimmerung: Durch die geringste Anstrengung.

Besserung: Durch Ruhe.

Positive Diagnostik:

a) Plötzliches Auftreten funktioneller oder organischer Störungen.
b) Migräne mit Fieber.
c) Schnupfen mit reichlichem wäßrigem Ausfluß.
d) Magenstörungen.
e) Wäßrige Diarrhoe.
f) Fieberanfälle bei der geringsten Anstrengung.

Differentialdiagnostik:

Nux vom.: Magenstörungen, Schwindel, Niesen beim Aufwachen.

Pulsatilla: Venöse Kongestion, Veränderlichkeit der Symptome, Diarrhoe, Schnupfen, Magenstörungen nach fetten Nahrungsmitteln.

Sulfur: Kongestive Zustände infolge Autointoxikation.
Schwäche um 11 Uhr. Rötung der Körperöffnungen.
Wäßrige Diarrhoe um 5 Uhr.

Sulfur jod.: Abmagerung, geschwollene Lymphdrüsen, Husten und juckender, hartnäckiger Hautausschlag.

Klinische Diagnostik:

1. Allgemeines:
   Floride tuberkulinische Zustände.
   Fibröse Tuberkulose bei Plethorikern.
2. Nervensystem:
   Migräne.
   Depressionszustände.
3. Atmungsorgane:
   Asthma bei plethorischen Typen.
   Chronische Bronchitis.
   Schnupfen.
4. Kreislauf:
   Hypotonie.
   Akrocyanose.
5. Verdauungsapparat:
   Gastritis.
   Enterocolitis.
6. Bewegungsorgane:
   Chronischer, deformierender Rheumatismus.
7. Haut:
   Ekzeme.

Potenzen:

D 10 – D 15 – D 20.

Anmerkungen:

Hier muß wiederholt werden, daß das Mittel nur nach einer vorhergegangenen gründlichen Drainage verschrieben werden sollte.

Diphthericum

Herkunft: Es handelt sich um ein antitoxisches Serum, das von Tieren stammt, die entweder mit dem Toxin oder mit dem diphtherischen Anatoxin immunisiert wurden.

Potenzen:

D 10 – D 20.

Indikationen:

Desensibilisierung bei Folgeerscheinungen nach Verabreichung des antidiphtherischen Serums (s. auch unter Diphtherinum II).

Diphtherotoxinum und Diphtherinum

Anläßlich einer Diphtherie-Epidemie im Jahre 1874 kurierte COLLET (Le Havre) seine Kranken mit *Diphtherinum,* indem er vom ersten Kranken einige Fetzchen der Pseudomembran abnahm und sie in 2 Suppenlöffel reines Wasser legte. Nach Umrühren und Schütteln erhielt er die erste Potenz und stellte nacheinander mehrere her bis zur alkoholischen C 500. Er imprägnierte damit Milchzuckerglobuli und verabreichte diese dem ersten Patienten, später auch den anderen. Innerhalb 3–6 Tagen erzielte er Heilungen, vorausgesetzt daß er die Globuli gleich zu Beginn der Erkrankung verabfolgte.

Daraufhin stellte CAHIS als erste Nosode das *Diphtherotoxin* her, indem er vom Löfflerschen Bacillus selbst ausging.

Gegenwärtig sind *Diphtherotoxinum* und *Diphtherinum* gebräuchlich.

I. Diphtherotoxinum

Herkunft: *Diphtherotoxinum* ist das aufgelöste Diphtherie-Gift, das man aus der Flüssigkeit der Diphtheriebazillen-Kultur gewinnt und das frisch mittels eines Porzellanfilters filtriert ist.

Pathogenese:

Es besteht keine homöopathische Arzneimittelprüfung dieses Präparates.

Positive Diagnostik:

a) Zunge rot, geschwollen.

b) Atem stinkend.

c) Epistaxis. Stinkende Absonderung.

d) Schlucken nicht schmerzhaft.

e) Rückfluß von Getränken aus der Nase oder durch Erbrechen.

f) Anschwellung der Halsdrüsen.

g) Bösartige Angina von Anfang an mit Pseudomembranen. Erschöpfungszustand. Dicke Pseudomembran von dunkler Farbe.

Differentialdiagnostik:

Arsenicum alb.: Gesicht blaß, aufgetrieben, ängstlich, schlimmer zwischen 1–3 Uhr, Unruhe, trockene Lippen, putrider Speichel, brennende Schmerzen im Hals, gebessert durch warme Getränke.

Arum triphyll.: Abgeschlagen und unruhig, vergräbt den Kopf im Kopfkissen, kratzt auf den Bettlaken, an der Nase und an den Lippen. Rote, ausgetrocknete Zunge. Stinkende Pseudomembran. Schmerzen im Mund. Trinken erschwert.

Hepar sulf.: Splittergefühl im Hals. Atem riecht nach altem, gegorenem Käse. Rauher, bellender Husten.

Kali bichrom.: Angezeigt bei Angina und Nasendiphtherie.

Lachesis: Purpurrote, glänzende Lippen, roter Schlund, Schlucken äußerst erschwert und schmerzhaft, Gefühl von Strangulation mit Lufthunger.

Mercurius cyanatus: Erschöpfung, stinkender Atem, submaxilläre Drüsenschwellung, Pseudomembranen von grauer Farbe.

Klinische Diagnostik:

Diphtherische Angina.
Diphtherische Lähmungen (*Gels.*).
Lähmung der Stimmbänder (nicht-diphtherisch).
Chronische Altersbronchitis.
Myelitis und schlaffe Lähmungen.

Potenzen:

Wird in der D 15 und D 20 verordnet.

II. Diphtherinum

Herkunft: Es handelt sich um das antidiphtherische flüssige Serum der Pharmakopoe. Dieses Serum muß 300–2000 antitoxische Einheiten per cm^2 enthalten. Eine antitoxische Einheit entspricht der Antitoxinmenge, die 100 tödliche Minimaldosen neutralisiert.

Potenzen:

Wird in Globuliform von D 10 und D 20 verschrieben.

Indikationen:

Dieselben wie bei Diphtherotoxinum.

Anmerkungen:

Ungefähr um 1930 führte Dr. Paul CHAVANON seine Versuche über Diphtherie durch. Er veröffentlichte im Jahre 1932 sein Werk „Diphtherie", eine Abhandlung über Therapeutik und Immunisierung.

Der Autor beschreibt kritisch die allopathische Behandlung und weist auf die beträchtlichen Vorteile der homöopathischen Behandlung hin.

Betreffs *Diphtherotoxinum* beschreibt er seine Beobachtungen bei diphtherischer Lähmung, die mit *Diphtherotoxin* C 30 (K) oder C 12 (K) geheilt wurde, sowie dessen günstige Wirkung bei Bazillenträgern.

CHAVANON hat ferner die Möglichkeit einer vorbeugenden Immunisierung mit *Diphtherotoxinum* C 4000 (K) studiert, wobei er sich auf den negativen Ausfall der Schickschen Reaktion stützt.

Wir haben die klinische Erfahrung gemacht, daß *Diphtherotoxinum* bei zahlreichen neurologischen Erkrankungen anwendbar ist, und zwar vor allem bei Patienten mit motorischen Ausfällen und schlaffen Lähmungen.

Wenn die Erkrankung neueren Datums ist, kann *Diphtherotoxin* mit *Gels.*, *Lath.*, *Cupr. ars.* und *Caust.* wertvolle, manchmal sogar überraschende Resultate zeitigen.

Es wäre interessant, eine pathogenetische Überprüfung dieser Nosode zu bekommen.

Wir weisen darauf hin, daß *Diphtherotoxinum* sowohl bei akuten Fällen, z. B. bei Angina und Bronchitis, als auch bei chronischen Fällen, wie z. B. bei chronischer Bronchitis, Lähmungen usw. nicht zu oft angewandt werden darf. Eine Dosis von D 15 oder D 20 alle 10–14 Tage ist praktisch ausreichend.

D.T.T.A.B.

Herkunft: Es handelt sich um eine kombinierte Vaccine aus antidiphtherischem-antitetanischem und antitypho-paratyphoidem (A und B) Serum. 1 ccm enthält 12 Antigen-Einheiten diphtherischer Anatoxine, 12 Antigen-Einheiten tetanischer Anatoxine, 1050 Millionen Typhus-Bazillen und je 700 Millionen Paratyphusbazillen der Gruppe A und B.

Pathogenese:

Es besteht keine homöopathische Arzneimittelprüfung. Ein pathogenetisches Bild kann nur gewonnen werden aus den toxischen Erscheinungen nach der Impfung mit D.T.T.A.B.

Positive Diagnostik:

a) Nephritis mit febriler Reaktion, Oligurie, Hämaturie, Lumbalschmerzen.
b) Herpes facialis. Erythrodermie.
c) Tetaniforme oder epileptiforme Konvulsionen.
d) Geistige Störungen; geistige Verwirrung mit Amnesie.
e) Paresien oder Paralysen mit Ausfallserscheinungen: Monoplegie oder Hemiparese oder Hemiplegie, vorwiegend rechts.
f) Gelenkschmerzen.
g) Purpura; Darmblutung.
h) Ikterus. Akute Appendicitis.
i) Manifestwerden einer latenten Erkrankung oder Verschlimmerung einer manifesten Erkrankung (infektiöse Meningitis, Granulome, Herpes zoster, Ausfallserscheinungen im Verlauf einer Neurolues).

Differentialdiagnostik:

Acidum picrin.: Fühlt sich erschöpft, muß sich hinlegen. Hinterhauptschmerzen strahlen zur Wirbelsäule hin aus und bis in die unteren Gliedmaßen. Besserung durch festes Einbinden des Kopfes. Parese der Beine.

Phosphorus: Erschöpfung mit Reizbarkeit; Schwindel morgens; Durst auf kaltes Wasser, das aber erbrochen wird, sobald es sich im Magen erwärmt;

Neigung zu Hämorrhagien; Nekrose des Unterkiefers; paralytische Schwäche der Glieder.

Zincum: Nervöse Erschöpfung, Spasmen und Zittern der unteren Gliedmaßen, Unverträglichkeit von Wein, brennende Schmerzen längs der Tibia.

Klinische Diagnostik:

a) Folgen einer Impfung mit D.T.T.A.B.
b) Nephritis hämaturica.
c) Erysipel. Herpes zoster.
d) Tetanie. Epilepsie.
e) Geistige Verwirrung.
f) Allgemeine krankhafte Veränderungen. Psoro-sykotische Zustände.

Potenzen:

D 10 – D 20.

Eberthinum

H e r k u n f t : Es handelt sich um ein Bakteriolysat, gewonnen ohne Zusatz eines Antisepticums aus Kulturen einer Mischung mehrerer Eberthella-typhosa-Stämme. Dieses Lysat enthält die Endotoxine des Bacillus, ist also de facto Typhusgift. Später machte man Versuche über Identität, Sterilität, Unschädlichkeit und Wirksamkeit.

Pathogenese:

Es bestehen keine Arzneimittelprüfungen von *Eberthinum.*

Positive Diagnostik:

a) Erschöpfung mit profusen Diarrhoen.
b) Darmblutungen.
c) Herzstörungen mit langsamem Puls.

Differentialdiagnostik:

Arsenicum: Erschöpfung, Ängstlichkeit, Unruhe. Brennende Schmerzen, Durst nach kleinen Mengen kalten Wassers.
Baptisia: Erschöpfung mit stinkender Fäulnis aller Entleerungen. Gefühl von Zerschlagenheit und schmerzhafter Muskelermüdung.

Klinische Diagnostik:

a) Typhuserscheinungen.
b) Typhoide Folgezustände.
c) Infektiöse Wechselkrankheiten. – Beispiel: Dr. ALLENDY zitiert den Fall einer Sekundär-Tuberkulose nach einem Typhus mit rascher Besserung durch *Eberthinum.*
d) Chronische Myocarditis.
e) Hämorrhagische Enterocolitis.

Potenzen:

D 15 – D 20.

Enterococcinum

H e r k u n f t : Bakteriolysat, gewonnen ohne antiseptische Zusätze aus Kulturen einer Mischung verschiedener Enterokokkenstämme.

Potenzen:

D 15 – D 20.

Indikationen:

Psorische Zustände (*Sulf.*), vorwiegend intestinaler Art.
Chronische Enterocolitis.
Chronische Cystitis.
Chronische Albuminurie.

Framboesinum

Herkunft: Produkt, gewonnen ohne Zusatz eines Antisepticums aus den Pianomen (Papeln der Erdbeerpocken oder Framboesia tropica) eines Nichtsyphilitikers.

Pathogenese:

Dr. DE BAUDRE (Maison-Lafitte [Frankreich]) hat diese Nosode hergestellt.

Nach diesem Autor ist *Framboesinum* spezifisch für die Framboesia.

Im homöopathischen Gebrauch hat diese Nosode gewisse Berührungspunkte mit *Psorinum:* z. B. die Fröstеligkeit, die häufig mit einer wirklichen Hypothermie verbunden ist, was auch an *Carbo veg.* erinnert.

Potenzen:

D 10 – D 15 – D 20.

Gonotoxinum

H e r k u n f t : Es handelt sich um eine Mikrobensuspension in einer isotonischen Kochsalzlösung; die Gonokokken der Kulturen werden vorher durch Erhitzung abgetötet.

Potenzen:

D 15 – D 20.

Indikationen:

Komplementärmittel für *Medorrhinum.*
Sykotische Zustände.
Nasenpolypen.
Chronische Tonsillitis lacunaris.
Ozaena.
Adenoide Vegetationen.
Chronische Laryngitis.

Hydrophobinum

H e r k u n f t : Es handelt sich um ein Arzneimittel, das aus dem Speichel eines tollwütigen Hundes gewonnen wird.

Pathogenese:

Im Jahre 1833 hat HERING diese Nosode eingeführt und Arzneimittelprüfungen damit angestellt. Die Angelsachsen nennen das Mittel auch *Lyssin;* das Wort stammt vom griechischen „lussor", was Tollwut bedeutet. Die Pathogenese umfaßt in dem HERINGschen Buch „Guiding-Symptoms" 60 Seiten und in der „Materia Medica of Nosodes" von ALLEN 34 Seiten.

1. Allgemeine Symptomatologie:

Allgemeine Depression mit Ungeduld und Reizbarkeit. Schnelles Sprechen, häufiges Verlangen zu seufzen. Brüsker Stimmungswechsel, bald fröhlich und lächelnd, dann wieder schweigsam und melancholisch. Angst verrückt zu werden, Furcht vor der Tollwut. Im Verlaufe der Schwangerschaft seltsame Vorstellungen.

2. Psyche und Nervensystem:

a) P s y c h e :

Allgemeine Hyperästhesie, hervorgerufen oder verschlimmert durch den Anblick von Wasser oder durch den Gedanken daran.
Furcht vor schlechten Nachrichten.
Furcht, tollwütig zu werden.
Erträgt keine Sonnenwärme.
Furcht vor Wasser. Kann kein Wasser aus der Leitung fließen hören.

b) N e r v e n s y s t e m :

Chronische Kopfschmerzen, schlimmer durch helles Licht oder fließendes Wasser.
Konvulsionen treten ein beim Anblick oder Geräusch von Wasser, oder wenn der Patient nur daran denkt, oder wenn das Licht angezündet wird.

3. Atmungsorgane:

Hals schmerzhaft; ständiges Verlangen zu schlucken, obwohl es schwierig ist.

Zusammenschnürungsgefühl im Hals, im Verlauf einer Angina oder beim Trinken.

Spasmen der Atemwege.

Bellender Husten. Husten beim Schlucken von Wasser.

4. Verdauungsapparat:

Übermäßige Salivation mit klebrigem, schaumigem Speichel, was den Patienten dazu zwingt, ständig auszuspucken.

Speiseröhrenspasmen beim Schlucken von Getränken.

Magenspasmen mit Nausea und Erbrechen.

Heftiger Stuhldrang beim Anblick oder Hören fließenden Wassers.

Reichliche wäßrige Stühle mit Leibschmerzen, schlimmer abends.

Verlangen nach Salz und Schokolade.

Abneigung gegen Wasser.

5. Urogenitalapparat:

Urindrang, wenn der Patient Wasser fließen hört.

Urin spärlich, wolkig, enthält Zucker.

Überempfindlichkeit der Vagina, verhindert den Coitus.

Uterusempfindlichkeit mit Prolaps.

Sexuelle Erregung, hauptsächlich wenn der Patient Wasser fließen hört.

Hodenatrophie.

6. Bewegungsorgane:

Krampfartige Schmerzen der Hüfte, zum Sacrum ausstrahlend.

7. Haut:

Bläuliche Verfärbung bei Verletzungen.

8. Modalitäten:

Verschlimmerung: Durch den Anblick oder das Hören von fließendem Wasser, durch glänzendes Licht, durch strahlenden Sonnenschein, durch Wagenfahren, beim Bücken.

Besserung: In frischer Luft.

Positive Diagnostik:

a) Hydrophobie. Reizbarkeit. Überstürztes Sprechen.

b) Organische Spasmen des Nervensystems, des Verdauungs- und Harntraktes.

c) Sexuelle Erregung beim Mann; Anaphrodisie mit Uterusvorfall bei der Frau.

d) Alle Beschwerden werden hervorgerufen oder verschlimmert durch fließendes Wasser oder glänzendes Licht.

Differentialdiagnostik:

Belladonna: Überempfindlichkeit und Übererregbarkeit aller Sinne. Pupillen erweitert. Photophobie. Anblick von Wasser macht den Patienten rasend.

Cantharis: Starke Reizbarkeit, Hydrophobie, heftiges Brennen im Verdauungs- und Harntrakt. Priapismus mit übersteigertem sexuellem Verlangen.

Hyoscyamus: Nervöse spastische Störungen, Schwäche, Halluzinationen und Erotomanie.

Lachesis: Geschwätzigkeit, Angstgefühl bei Einschnürungen, nervöse Hyperästhesie.

Stramonium: Konvulsionen beim Geräusch oder Anblick von Wasser und durch glänzendes Licht; nächtliches Zusammenschrecken, spastische Konstriktionen von Schlund und Speiseröhre.

Klinische Diagnostik:

1. Allgemeines:
   Sonnenstich.
   Schwangerschaftskonvulsionen.
   Hydrophobie.

2. Psyche und Nervensystem:
   Erotomanie. Akute Delirien.
   Somnambulismus.
   Chronische Kopfschmerzen.
   Tetaniforme Konvulsionen.
   Epilepsie.
   Progressive Paralyse.
   Delirium tremens.

3. Atemwege:
   Spasmodischer Husten.
   Atmungslähmung (Asthma; Pulmonäre Form der Heine-Medinschen Krankheit).

4. Verdauungsapparat:
   Zahnschmerz. Speichelfluß.
   Spastische Dysphagie (auch bei Krebskranken).
   Dysenterie. Inkontinenz des Darmes.

5. Urogenitalapparat:
   Satyriasis.
   Vaginismus. Uterusvorfall.
   Dysurie. Bettnässen.

6. Bewegungsorgane:
   Lumbago.
   Coxarthrose.

Potenzen:

D 10 – D 15 – D 20.

Hippozaenium (oder Mallein)

H e r k u n f t : Bakteriolysat aus dem Nasenschleim von rotzkranken Pferden.

Pathogenese:

Diese Nosode wurde zuerst von Dr. J. GARTH WILKINSON angewandt.

1. Allgemeine Symptomatologie:

Auszehrungszustände bei schweren Erkrankungen, z. B. bei Krebs, Syphilis, Tuberkulose.

Schmerzhafte Anschwellung der Parotiden und der maxillären Drüsen.

2. Hals, Nase, Ohren:

Nase rot, geschwollen mit Kongestion und Geschwürsbildung der Schleimhäute.

Sinusitis frontalis.

Nasensekretion scharf, ätzend, blutig, stinkend.

Knötchenbildung auf den Nasenflügeln.

3. Atmungsorgane:

Heiserkeit.

Atmung kurz, unregelmäßig, laut.

Erstickungsanfälle beim Auswurf reichlicher Sekrete.

Keuchhusten.

4. Haut:

Geschwollene Lymphdrüsen.

Knötchen in den Armmuskeln.

Differentialdiagnostik:

Aurum: Knochencaries mit stinkender Eiterung.

Bacillinum: vgl. den entspr. Abschnitt.

Kalium bichr.: Klebrige, haftende, fadenziehende Sekretionen mit Bildung von Pseudomembranen und Geschwüren.

Psorinum: vgl. den entspr. Abschnitt.

Klinische Diagnostik:

Skrofulöse Zustände.
Ozaena.
Chronische Rhinitis.
Bronchialasthma.

Potenzen:

D 10 – D 15.

Influenzinum

H e r k u n f t : Dieses Mittel wird heute hergestellt aus Virusstämmen der Asiatischen Grippe (Singapour – A – 57) und der gewöhnlichen Grippe (A.P.R. 8) ohne Zusatz von *Alumen.*

Pathogenese:

Nebel (Lausanne) hat diese Nosode in die Praxis der homöopathischen Ärzte eingeführt.

Nebel hat eine Reihe von Influenzinum-Nosoden gelobt und angewandt, die man jedoch heute nicht mehr alle in unseren Apotheken bekommt. Unter historischen Aspekten gebe ich nachfolgende Aufstellung:

1. *Influenzinum commun.*
2. *Influenzinum* von A. Nebel, 1936, zusammengesetzt aus verschiedenen Sputumsubstanzen, zahlreichen Colibazillenstämmen und mehreren homöopathischen Mitteln.
3. *Influenzinum I.C.E.*, zusammengesetzt aus Influenzavirus, Colibazillen und Encephalitiserregern.
4. *Influenzinum I.C.E.S.*, zusammengesetzt aus Influenzavirus, Colibazillen, Encephalitiserregern und Staphylokokken.
5. *Vaccin E:* gegen Grippe zu injizieren.
6. *Encephalitis lethargica* 100 000 (K).

Ich hatte mehrere Jahre lang die Möglichkeit, das letztere Mittel bei verschiedenen neurologischen Erkrankungen anzuwenden, und ich glaube ermutigende Resultate erzielt zu haben. Ich bedaure die Abschaffung dieser Nosodenart sehr. In einem Fall von Morbus Aran-Duchenne (progressive Muskelatrophie) habe ich mit ihr einen guten Erfolg erzielt.

Positive Diagnostik:

a) Grippöse Zustände mit mäßigem Fieber und hochgradiger Asthenie.
b) Zerschlagenheit der Glieder, Schweiße, intensiver Durst.
c) Frösteln, Kopfschmerzen, Muskelschmerzen.

Differentialdiagnostik:

Eupatorium perfoliatum: Zerschlagenheitsgefühl, Frösteln, Kopfschmerzen, Schnupfen mit Niesen, trockener Reizhusten.

Gelsemium: Zittern mit Fieber, Niedergeschlagenheit, Erschöpfung und Frösteln. Akuter Schnupfen mit reizender, scharfer Sekretion.

Oscillococcin: vgl. den entspr. Abschnitt.

Pyrogenium: vgl. den entspr. Abschnitt.

Solanum lycopersicum: Quetschungsgefühl des Kopfes, Schwere der Augäpfel, reichlicher wäßriger Schnupfen; heisere Stimme; rauher Husten mit Beklemmung, Muskelschmerzen.

Yersinsches Serum: vgl. den entspr. Abschnitt.

Zu erwähnen wären noch: *Acon., Arn., Caust., Phos., Rhus tox., Veratr. v.*

Klinische Diagnostik:

a) Grippe.
b) Masern.
c) Meningitische Syndrome.
d) Akute Bronchitis; Schnupfen; grippöse Otitis.
e) Rhino-Pharyngitis. Sinusitis.
f) Grippale Laryngitis.

Potenzen:

D 8 – D 10 – D 15 – D 20.

Anmerkungen:

Ich habe keinen sehr günstigen Eindruck von den heute erhältlichen Influenza-Nosoden. Anders war es mit der jetzt verschwundenen Nosode *Encephalitis leth.* (Nebel).

Das Mittel ist nützlich in Kombination mit anderen homöopathischen Medikamenten. Seine Wirksamkeit ist aber geringer als die von *Oscillococcin* und *Eup. perf.* Gegen Ende eines grippalen Zustandes verhalf es jedoch zusammen mit *Natr. mur.* D 15 oder D 20 zu einer schnelleren Genesung.

Chavanon (Paris) verschreibt ebenfalls bei Grippe eine Kombination von *Influenzinum* D 10 mit *Yersinschem Serum* D 10 und *Oscillococcinum* 200 (K).

Intestinale Nosoden von Paterson

In einer Mitteilung der „Britischen Homöopathischen Gesellschaft" aus dem Jahre 1936, die im April 1936 in der Zeitschrift dieser Gesellschaft veröffentlicht wurde, lesen wir, daß John PATERSON (Glasgow) seine erste Arbeit unter dem Titel „Das dynamisierte Arzneimittel und seine Wirkung auf die Darmflora" veröffentlicht habe.

Die von PATERSON angewandten Nosoden sind Verdünnungen von Bakterienkulturen, die durch Überimpfung von Faeces auf die üblichen Kulturböden gewonnen wurden. Auf Grund klinischer Beobachtungen konnte Verf. folgende symptomatologische Aufstellung anfertigen.

I. Morganscher Bacillus (Bach)

Pathogenese:

1. Allgemeinsymptome:

Das Leitsymptom ist die Kongestion.

2. Psyche und Nervensystem:

a) Psyche:

Unruhig, reizbar, macht sich Gedanken wegen seiner Gesundheit, flieht die Gesellschaft; weniger unruhig, wenn er allein ist. Geistige Depression mit Selbstmordneigung.

b) Nerven:

Kopfschmerzen mit rotem Gesicht, schlimmer durch Gewitter, durch Wärme, Reisen, Widerwärtigkeiten.
Schwindel infolge hohen Blutdrucks.
Migräne zu Anfang der Menses.

3. Atmungsorgane:

Kongestion der Nasen-, Bronchial- und Lungenschleimhäute.

4. Kreislauf:

Venöse Kongestionen mit Hämorrhoiden und Krampfadern.
Unteres Drittel der Beine blau mit Frostbeulen an den Füßen und Zehen.

5. Verdauungsapparat:

Zunge schmutzig, bitterer Geschmack im Mund mit Erbrechen von Schleim und Galle. Sodbrennen.
Brennen im Magen.
Verstopfung. Pruritus analis.

6. Urogenitalapparat:

Kongestion der Ovarien mit schmerzhaften Menses, begleitet von Migräne.
Hitzewallungen und Kongestion des Kopfes in der Menopause.

7. Bewegungsorgane:

Arthrose des Knies und der Phalangen.

8. Haut:

Juckender Bläschenausschlag, verschlimmert durch Wärme.
Ekzeme der Säuglinge beim Durchbruch der Zähne.

Positive Diagnostik:

a) Kongestion der Organe und Schleimhäute.
b) Ekzeme der Säuglinge.
c) Charakteristica:
Morgan pur.: Hautausschläge, Leberstörungen mit Migräne. Gallensteine.
Morgan-Gärtner: dieselben wie oben, außerdem Cholecystitis.

Differentialdiagnostik:

a) Morgan pur.: *Alumina; Baryta carb.; Calc. carb.; Calc. sulf.; Carbo veg.; Carbo sulf.; Dig.; Ferr. carb.; Graph.; Kal. carb.; Magn. carb.; Natr. carb.; Petr.; Sep.; Sulf.*
b) Morgan-Gärtner: *Chel.; Chen.; Hell.; Hep. sulf.; Lach.; Lyc.; Merc. sulf.; Sang.; Tarax.*

Klinische Diagnostik:

1. Psyche und Nervensystem:
   Depressive Psychose.
   Menstruelle Migräne.
   Kongestive Kopfschmerzen.
2. Atmungsorgane:
   Lungenkongestion, hauptsächlich bei Kindern.
   Lobäre Bronchopneumonie.
3. Kreislauf:
   Hämorrhoiden. Krampfadern.
   Erythrocyanose (junger Mädchen). Frostbeulen.
4. Verdauungsapparat:
   Chronische Cholecystitis. Cholelithiasis.
   Verstopfung. Pruritus analis.
5. Urogenitalapparat:
   Dysmenorrhoe.
   Kongestive Salpingo-Oophoritis.
   Nephrolithiasis.
6. Bewegungsorgane:
   Gonarthrose.
   Arthrosen der kleinen Gelenke.
7. Haut:
   Ekzeme. Akrocyanose.
   Pruritus sine materia.

Potenz:

D 20.

II. Bacillus Proteus (Bach)

Pathogenese:

1. Allgemeines:

Nervöse Spannung mit Reizbarkeit des zentralen und peripheren Nervensystems.

Plötzliche, heftige Anfälle von schlechter Laune.

2. Psyche und Nervensystem:

a) Psyche:
Heftige Zornanfälle: schmeißt mit beliebigen Gegenständen, die er gerade zur Hand hat. Cholerisches, heftiges Kind, stößt mit den Füßen.

b) Nerven:
Muskelkrämpfe.
Epileptiforme Konvulsionen.
Ménièrescher Schwindel.

3. Kreislauf:

Gefühl abgestorbener Finger.
Intermittierendes Hinken.

4. Verdauungsapparat:

Magengeschwür.
Hämatemesis. Melaena.

5. Haut:

Angioneurotische Ödeme.
Herpetiforme Ausschläge.

Positive Diagnostik:

a) Cholerischer, angriffslustiger Charakter.
b) Periphere arterielle Zirkulationsstörungen.

Differentialdiagnostik:

Aur.; Apis; Baryta mur.; Bor.; Calc. mur.; Can.; Cupr.; Ferr. mur.; Ign.; Kal. mur.; Magn. mur.; Mur. acid.; Natr. mur.; Sec.

Klinische Diagnostik:

1. Psyche und Nervensystem:
Charakterstörungen bei Kindern.
Hysterie.
Manische Zustände.
Muskelkrämpfe.
Epileptiforme Konvulsionen.
Schwindel.

2. Kreislauf:
Raynaudsches Syndrom.
Arteriitis obliterans.

3. Verdauungsapparat:
Magengeschwüre.

4. Haut:
Angioneurotische Ödeme.
Herpes.

Potenz:

D 20.

III. Bacillus Nr. 7 (Bach-Paterson)

Pathogenese:

1. Allgemeines:

Physische und geistige Ermüdung.
Vorzeitige Senilität.

2. Psyche und Nervensystem:

Physische Schlappheit, geistige Apathie.

3. Kreislauf:

Hypotonie. Langsamer Puls.
Hyposthenisches Herz.

4. Verdauungsapparat:

Gastrische Flatulenz.

5. Urogenitalsystem:

Oligurie.
Impotenz.

Positive Diagnostik:

Physische und geistige Erschöpfung.

Differentialdiagnostik:

Ars. jod.; Brom.; Calc. jod.; Ferr. jod.; J o d ; Kal. bichr.; Kal. brom.; Kal. carb.; K a l. j o d.; Kal. nitr.; Merc. jod.; Natr. jod.

Klinische Diagnostik:

Asthenie. Tuberkulinischer Zustand.
Dysthyreoidismus.
Vorzeitige Senilität.
Impotenz.

Potenzen:

D 20.

IV. Gärtnerscher Bacillus (Bach)

Pathogenese:

1. Allgemeines:

Ernährungsstörungen.
Hypothrepsie. Krebsartige Zustände.

2. Psyche und Nervensystem:

Sensorielle Hypersensibilität mit körperlichen Ausfallserscheinungen, hauptsächlich bei Kindern.

3. Verdauungsapparat:

Mangelhafte Fettverdauung.
Verwurmung (Oxyuren).
Paralytischer Subileus.

Positive Diagnostik:

Ernährungsstörungen.
Hypothrepsie bei Kindern.
Krebsartige Zustände bei alten Leuten.

Differentialdiagnostik:

Calc. fluor.; Calc. hypophos.; Calc. phos.; Calc. sil.; Merc. viv.; Natr. phos.; Natr. sil. fluor.; Phos.; Phyt.; Puls.; Sil.; Zinc. phos.

Klinische Diagnostik:

a) Zurückbleiben im Wachstum.
b) Hypothrepsie.
c) Coeliakie.
d) Ileocäcaltumor.
e) Atonische Obstipation.

Potenzen:

D 10 – D 15 – D 20.

V. Dysenterie-Bacillus

Pathogenese:

1. Allgemeines:

Nervöse Spannung.

2. Psyche und Nervensystem:

a) Psyche:
Beklemmung mit Furcht vor Ereignissen.
Furchtsamkeit, fühlt sich in der Menge behindert.
Unruhe, kann nicht stillsitzen.

b) Nerven:
Stirnkopfschmerzen, die periodisch wiederkehren, alle 8–14 Tage.

3. Kreislauf:

Präcordiale Beschwerden mit Herzklopfen.

4. Verdauungsapparat:

Akute Magenschmerzen zwischen Mitternacht und 1 Uhr, Erleichterung durch Erbrechen von großen Schleimmengen.

Pylorospasmus bei Säuglingen.

Positive Diagnostik:

a) Nervöse Spannung.
b) Beklemmung und Unruhe.
c) Magendarm- und Gefäßspasmen.

Differentialdiagnostik:

Anac.; Arg. nitr.; Ars. alb.; Cad. met.; Kalm.; Veratr. alb.; Veratr. v.

Klinische Diagnostik:

Furchtsamkeit.
Periodische Kopfschmerzen.
Magengeschwür.
Pylorospasmus.

Potenzen:

D 15 und D 20.

VI. Sycoccus (Paterson)

Pathogenese:

1. Allgemeines:

Reizbarkeit.
Reizung der Schleimhäute und der Synovialmembranen.

2. Psyche und Nervensystem:

a) Psyche:
Reizbar, empfindlich, Furcht in der Dunkelheit oder allein zu bleiben.

b) Nerven:
Spasmen der Gesichtsmuskeln.
Lidflattern.
Nächtliche Kopfschweiße.
Sinusitis mit Kopfschmerzen.

3. Atmungsorgane:

Nasen- und Rachenkatarrh.
Hustenreiz gegen 2 Uhr.
Große Mandeln.

4. Kreislauf:

Anämie. Blässe.

5. Verdauungsapparat:

Nausea nach dem Genuß von Eiern.
Heftiger Stuhldrang beim Aufwachen.
Stühle weich, reizend, übelriechend.

6. Urogenitalapparat:

Eierstockschmerzen links.
Reichliche Leukorrhoe.
Urin eiweißhaltig.
Cystitis – Urethritis.

7. Bewegungsorgane:

Füße schmerzen beim Gehen, als ob man auf Kieselsteinen gehe.
Unruhe der Füße bei Nacht und Metatarsalgie.
Schmerzen in den Sehnen, schlimmer bei Feuchtigkeit und nach dem Ausruhen.

8. Haut:

Haut gelblich, fettig.
Bläschenausschlag auf dem Körper und im Gesicht.
Warzen an der Haut-Schleimhaut-Grenze.

Positive Diagnostik:

Reizung der Schleimhäute und der Synovialmembranen.
Allgemeine Reizbarkeit.

Differentialdiagnostik:

Ant. tart.; Calc. met.; Ferr. met.; Natr. sulf.; Nitr. acid.; Rhus tox.; Thuja; Bacillinum.

Klinische Diagnostik:

1. Allgemeines:
Tuberkulinische Zustände. Anämie.

2. Psyche und Nervensystem:
Kopfschmerzen bei Schülern.
Ticks.
Pavor nocturnus.

3. Atmungssystem:
Adenoide Wucherungen und Hypertrophie der Mandeln.
Bronchitis. Asthma.

4. Verdauungsapparat:
Leberinsuffizienz.
Acetonämie.
Gastroenteritis bei Kindern.

5. Urogenitalapparat:
Albuminurie bei Kindern.
Cystitis – Urethritis.
Ovariitis. – Cervicitis. Ovarialcysten.

6. Bewegungsorgane:
Chronischer deformierender Rheumatismus.

7. Haut:
Ekzeme. Windpocken. Warzen.

Potenzen:

D 10 – D 15.

VII. Bacillus mutabilis (Bach)

Hat als Ergänzungsmittel *Pulsatilla.*

VIII. Bacillus faecalis (Bach)

Hat als Ergänzungsmittel *Sepia.*

Luesinum

Herkunft: *Luesinum* oder *Syphilinum* wurde in die homöopathische Therapeutik ungefähr um 1880 durch SWAN eingeführt.

Dann haben WILDE und besonders HERING im Jahre 1891 eine sehr lehrreiche Beschreibung der Pathogenese in den „Guiding-Symptoms" gegeben.

Luesinum wird durch Abschaben, neuerdings durch Entnahme mittels Pipette, von seröser Flüssigkeit eines syphilitischen Hunterschen Schankers gewonnen, bevor derselbe irgendwie spezifisch behandelt ist. Das entnommene Tröpfchen wird verdünnt, durch Gefrieren und Entfrieren lysiert, steril filtriert und dann auf Unschädlichkeit und Sterilität kontrolliert. Die Prüfung mit dem Ultramikroskop zeigt das Treponema pallidum; die cytologische Kontrolle läßt Blutkörperchen, Leukocyten und Epithelzellen erkennen.

Es sei noch vermerkt, daß man auch *Hepato-Luesinum* angewandt hat (Leber eines Patienten mit hereditärer Syphilis) und *Rachi-Luesinum* (Liquor cerebrospinalis eines Syphilitikers). Das erstere Mittel wurde mit Vorliebe bei luetischen Hepatitiden angewandt, das zweite bei neurologischen Komplikationen syphilitischer Natur.

Pathogenese:

1. Allgemeine Symptomatologie:

Die Wirkung von *Luesinum* erstreckt sich in erster Linie auf das cerebrospinale System, sodann auf die Eingeweide, auf die Haut, die Schleimhäute und die Knochen.

Es handelt sich um Patienten mit psychischer Labilität, mit wechselnder Laune und mit Knochenschmerzen, die sich nachts verschlimmern. Es ist häufig ein Fluor- oder Phosphor-Fluor-Typ mit mehr oder minder schlaffen Gelenken und einer Neigung zur Abmagerung.

Der Erwachsene ist häufig ein magerer Typ mit Verlust der Haare, Gedächtnisverlust, besessen, traurig, schlimmer nachts.

Das Kind hat ein ältliches Aussehen, mit Falten im Gesicht, kümmerlich, kläglich, apathisch, es versteht nichts von Mathematik. Man findet auch die klassischen Zeichen einer vererbten Syphilis (eingekerbte Zähne, Stirnhöcker, säbelscheidenförmige Schienbeine usw.).

2. Psyche und Nervensystem:

a) Psyche:

Gedächtnisschwund
hauptsächlich der Eigennamen (von Personen, Straßen, Buchtiteln, Autoren usw.) und Schwierigkeiten bei mathematischen Aufgaben.

Unruhe
Unbeständigkeit, Reizbarkeit und Besorgnisse, hauptsächlich nachts, wo sich alle Beschwerden verschlimmern.

Furcht
verrückt zu werden, vor Lähmung, unheilbar zu sein, sich zu ruinieren durch dauernde Depressionen, die bis zur Verzweiflung reichen.

Besessenheit
muß sich ohne Unterlaß die Hände waschen.

b) Nervensystem:

Schmerzen,
lanzinierende, schlimmer nachts, die sich allmählich verstärken oder vermindern.

Strichförmige Schmerzen,
von einer Schläfe zur anderen gehend, andauernd, tiefsitzend.

Hinterhauptschmerzen
mit Schlaflosigkeit und Unruhe. Gefühl, als ob die Schädeldecke abgehoben würde.

Schlaflosigkeit
von Mitternacht bis 6 Uhr.

Augenschmerzen,
linear von einem Auge zum anderen gehend, schlimmer nachts.

Ptosis,
die dem Kranken ein schläfriges Aussehen gibt.
Gesichtslähmung, hauptsächlich rechts.
Gesichtsneuralgien.

3. Augen:

Heftige Augenschmerzen nachts.
Rötung und Anschwellung der Lider, die morgens verklebt sind.

Gefühl von Sand unter den Lidern. Chronische phlyktänuläre Entzündung, Hornhautrezidive.

Photophobie, Tränenfluß.

Ungleichheit der Pupillen; Strabismus.

Vertikale Diplopie. Ptosis.

4. Ohren:

Otalgie, meistens rechts mit eitriger Otorrhoe.

Caries der Gehörknöchelchen.

Fortschreitende Taubheit ohne Remissionen.

5. Atmungsorgane:

a) Nase:

Brennen und Jucken in der Nase; dicke Krustenbildung.

Schnupfen, brennend mit gelblichem, grünlichem, reizendem Ausfluß.

Anosmie.

Caries der Nasenknochen; Perforation des Gaumens.

b) Pharynx:

Entzündung und Hypertrophie der Mandeln.

Akute Kehlkopfschmerzen, die hauptsächlich nachts auftreten, treiben den Kranken aus dem Bett und zwingen ihn, im Zimmer auf und ab zu gehen.

Stimmlosigkeit, hauptsächlich bei Frauen, am Vorabend der Menstruation.

Geschwürsbildung an den Stimmbändern.

Große Empfindlichkeit der Luftröhre bei Berührung.

Geschwollene Halsdrüsen.

c) Bronchien–Lungen:

Nächtliche Hustenanfälle, trocken, bellend, wecken den Kranken auf, schlimmer wenn er auf der rechten Seite liegt, schlimmer bei Gewitter, schlimmer von 1–4 Uhr.

Chronisches Asthma, hauptsächlich im Sommer, bei warmem und feuchtem Wetter.

6. Kreislauf:

Lanzinierende Herzschmerzen, nachts, von der Basis zur Spitze.

Gefühl einer kochenden Flüssigkeit, die in den Arterien fließt.

Druckschmerzen in der Höhe des Brustbeins.

7. Verdauungsapparat:

a) M u n d :

Deformierte, eingekerbte Zähne, Caries am Zahnfleischrand.

Gefühl, als ob ein Wurm in den Zähnen bohre. Atem stinkend. Zunge dick-weißlich belegt mit Zahnabdrücken. Starker Speichelfluß, reichlicher nachts. Zunge mit brennenden, stechenden, tiefen Rissen.

b) M a g e n :

Heftiges Verlangen nach Alkohol, Abscheu gegen Fleisch.

Saures Aufstoßen, Brennen, Unwohlsein und Erbrechen.

Gefühl einer Wunde entlang der Speiseröhre.

c) A b d o m e n :

Abdominale Flatulenz.

Anale und rectale Strikturen. Geschwürsbildung am Anus und Analfissuren. Der Kranke verträgt keinen Einlauf.

Blutende Hämorrhoiden mit brennenden, stechenden Schmerzen.

Chronische hartnäckige Verstopfung bei einem abgemagerten Typ mit erdfarbenem Teint und stinkendem Atem.

Morgendliche drängende, schmerzlose Diarrhoekrisen gegen 5 Uhr, schlimmer am Meeresstrand, mit schlaffem Rectum.

8. Urogenitalapparat:

a) H a r n o r g a n e :

Langsames erschwertes Wasserlassen; muß drücken mit einem Gefühl, als ob die Urethralmündung morgens verstopft wäre. Pollakisurie und nächtliche Inkontinenz.

b) G e n i t a l i e n :

m ä n n l i c h :

Verhärtung der Samenstränge und der Hoden.

Adenitis inguinalis.

w e i b l i c h :

Induration des Uterus, hauptsächlich der Cervix.

Verhärtung und Schrumpfung der Vagina mit Schmerzempfindlichkeit bei Berührung.

Reichliche Leukorrhoe, an den Schenkeln hinunterfließend, dick, grünlich, reizend; nächtliche Verschlimmerung.

Dysmenorrhoe, verspätete, spärliche Menstruation.

Pruritus und Geschwürsbildung an der Vulva.

9. Bewegungsorgane:

Steifheit und Schmerzen der Rückenmuskeln.

Vertebrale Schmerzen, schlimmer nachts und durch Bewegung, gebessert durch Wärme.

Gelenkschmerzen in den Schultern, hauptsächlich an der Insertion der M. deltoideus, schlimmer beim Heben der Arme, gebessert durch Gehen und gegen Ende der Nacht.

Hinterhauptschmerzen mit Schlaflosigkeit.

Knochenschmerzen der Schienbeine, hauptsächlich nachts.

Schmerzhafte Kontrakturen von Sehnen und Muskeln der Beine. Hin und her ziehendes Reißen zwingt den Kranken nachts aus dem Bett; er muß umhergehen.

Steifheit der Gelenke.

Schmerzhafte Kälte in den Gliedern.

10. Haut und Behaarung:

Haarausfall.

Kupferfarbige Ausschläge auf der Kopfhaut.

Bläschenartige, braun-rötliche Hautausschläge mit Kupferflecken.

Abscesse, die stinkenden Eiter entleeren.

11. Modalitäten:

Verschlimmerung:
Nachts: vom Schlafengehen bis Sonnenaufgang.
Während der Sommerzeit: durch Wärme, Feuchtigkeit und Gewitter.
Am Meeresstrand.

Besserung:
Tagsüber; im Gebirge; durch langsames Gehen.

Positive Diagnostik:

a) Nächtliche Schmerzen, hauptsächlich in den Knochen, strichförmig, allmählich zu- bzw. abnehmend.
b) Gedächtnisschwund, besonders für Eigennamen; Schwierigkeiten bei mathematischen Aufgaben.
c) Besessenheit: wäscht sich häufig die Hände, fürchtet Irrsinn oder Paralyse.

Differentialdiagnostik:

Aurum: Fürchtet sich vor Vernichtung, Neigung zu Selbstmord, Ungleichheit der Pupillen, nächtliche Verschlimmerung.

Beim sanguinischen Typ: Besserung durch Wärme, Verschlimmerung durch Kälte.

Plumbum met.: Blitzartige Schmerzen, schlimmer nachts; Schwierigkeit, Wörter zu finden, um sich richtig auszudrücken. Fortschreitende Parese und Paralyse der Glieder, hauptsächlich der Streckmuskeln.

Argentum nitricum: Fieberhafte Hast, Aerophagie, Phobien, Zittern, Geistesschwäche.

Astragalus[1]): Verwirrungszustand, Druckschmerzen in den Schläfen und Kiefern; paretische Schwäche der unteren Gliedmaßen; Atemnot und Brustschwäche.

Mercurius: Ängstliche Unruhe; paralytische Neigung mit Zittern, hauptsächlich der Hände; chronischer Schnupfen, Leber- und Verdauungsstörungen.

Mezereum: Nächtliche Periostschmerzen, schlimmer durch kalte und feuchte Witterung; krustenartige Ausschläge mit gelblichem Eiter.

Klinische Diagnostik:

1. Allgemeines:

Alle pathologischen Erscheinungen treten bei einem Fluor- oder Phosphor-Fluor-Typ mit nächtlichen Schmerzen auf, verschlimmert durch Wärme, Gewitter und am Meeresstrand.

Alkoholismus.

Syphilis mit unbeeinflußbaren Serumreaktionen[2]).

Kinder, die in der Schule zurückbleiben und in der Mathematik Schwierigkeiten haben.

Kinder mit psychischer Labilität und Charakterstörungen, z. B. mit Bösartigkeit und flüchtigen Zornausbrüchen.

Patienten mit Suchtneigungen.

Besessenheit: von Krankheits- und Vernichtungsangst, von Angst vor der Nacht.

2. Nervensystem:

Kopfschmerzen, Schlaflosigkeit.

Tabes.

Neuralgien.

Facialislähmung.

Lähmungen.

---

[1]) Julian, O.: Zwei Pathogenesen: Kresol und Astragalus (Les Annales Homéopathiques Françaises 1, 6 [März 1959]).

[2]) Julian, O.: A propos de la syphilis à sérologie irréductible (Cahiers d'Homéopathie et de Therapeutique comparée 1955, 2 [April]).

3. Augen und Ohren:
Bläschenartige Conjunctivitis; phlyktänuläre Keratitis; Iritis; vertikale Diplopie; Ptosis; Strabismus.
Chronische Otorrhoe; Caries der Gehörknöchelchen; Taubheit (?).

4. Atmungsorgane:
Ozaena. Chronisches Asthma. Nächtlicher Husten. Laryngitis chronica. Aphonie.

5. Kreislauf:
Cardialgien, hauptsächlich nachts.
Angina pectoris.
Gefäßsklerose und Hypertonie.

6. Verdauungsapparat:
Speichelfluß; Zahncaries; Hypertrophie der Mandeln.
Stenose des Rectums.
Hämorrhagische Rectocolitis.
Nicolas-Durant-Favresche Erkrankung (Lymphogranulomatis inguinalis).
Verengerung des Rectums. Analfissuren. Hämorrhoiden. Chronische Verstopfung.

7. Urogenitalapparat:
Tertiäre Syphilis mit sklerosierten Gummata der Hoden.
Ektopie der Hoden.
Sexuelle Impotenz. Harninkontinenz.
Atrophische Vaginitis.
Fibrome. Ovarialcysten.
Dysmenorrhoe. Cervixentzündungen.
Sterilität.

8. Bewegungsorgane:
Knochennekrosen und -geschwüre.
Caries der cervicalen und dorsalen Wirbel.
Gelenkrheumatismus mit vorherrschend nächtlichen Schmerzen. Exostosen.
Osteochondrosis juvenilis dorsi (Scheuermannsche Krankheit).
Osteopsathyrosis (Lobsteinsche Krankheit).
Kienböcksche Krankheit.
Knochencysten[1]).

9. Haut und Behaarung:
Alopecie. Pelade.
Pemphigus. Herpes.

---

[1]) Julian, O.: Knochencyste am Knie. Homöopathische Heilung (Etudes Homéopathiques, cliniques et therap., Bd. 1, S. 157—171. Paris 1958. Edit. Peyronnet.)

Keratodermie.

Lichen planus. Keloid. Syphilitische Onychitis. Onychorrhexis (Nagelbrüchigkeit infolge Längsfissuren).

Potenzen:

D 8 – D 10 – D 15 – D 20.

Anmerkungen:

Unserer Ansicht nach ist die bio-therapeutische Nosode *Luesinum* ein schlagartig wirkendes Mittel, ein „königliches" Mittel.

In vielen schwierigen Fällen kann man mit *Luesinum* ein wunderbares klinisches Ergebnis erzielen, besonders bei Kindern. Häufig wurden Zurückbleiben in der Schule und Schwierigkeiten bei den Hausaufgaben durch Verabreichung von *Luesinum* D 20, 1mal wöchentlich, günstig beeinflußt, manchmal in geradezu dramatischer Weise.

Auch bei Kindern, bei denen man nicht weiß, wie man sie anpacken soll, und bei denen weder Güte noch Strenge von Einfluß sind, leistet das Mittel gute Hilfe. Bei Schwierigkeiten in der Schule und – nicht zu vergessen! – bei Charakterschwierigkeiten ist *Luesinum* das Mittel der Wahl.

Bei Erwachsenen beweist *Luesinum* seine heilsame Wirkung bei Syphilis mit unbeeinflußbaren Serumreaktionen, bei den Gefäßsyndromen in den 50er Jahren und bei Knochenerkrankungen (hauptsächlich der Adoleszenten!).

Ein wahrhaft „königliches Mittel".

Malandrinum

Herkunft: Produkt, gewonnen ohne Hinzufügung eines Antisepticums aus den Exsudaten der Mauke-Krankheit des Pferdes.

Pathogenese:

In homöopathischer Dilution wurde das Mittel erstmals von Boskowitz (Brooklyn) angewandt. Später wurde es erprobt von Wesselhoeft, H. C. Allen, Steere, Holcombe und den Studenten des „Hering-Kollegs“ in den Jahren 1900 und 1901, u. zw. in der 30., der 35. und der 200. K-Potenz.

Positive Diagnostik:

a) Haut trocken, schuppig, mit Pruritus.
b) Schrunden an den Händen und Füßen, durch Waschen oder kalte Witterung.
c) Intensiver Juckreiz und Risse an den Zehen.
d) Krusten auf der Oberlippe, mit stechenden Schmerzen.
e) Pustulöse Ausschläge der Kopfhaut mit Jucken, hauptsächlich abends.
f) Knochenharte Auswüchse.
g) Occipitalkopfschmerzen mit blassem Aussehen.
h) Stinkender Atem.
i) Allgemeine pastöse Aufschwemmung.
j) Lumbale Schmerzen. Urintrübungen mit Aceton und Harnsäure.
k) Neigung zu chronischen Eiterungen; alte Wunden mit verzögerter Narbenbildung.

Differentialdiagnostik:

Graphites: Carbo-nitrogener Typus, apathisch, fröstelig, venöse und lymphatische Stase, Fettleibigkeit; chronische Verstopfung ohne Stuhldrang; trokkene, runzlige, infiltrierte Haut; klebrige, dicke, gelbliche Bläschenausschläge. Keloide.

Petroleum: Psoro-tuberkulinischer Typ; fröstelig, fürchtet die Kälte; Haut trocken, rissig; nausea-artiger Schwindel; intestinale Gärung.

Silicea: Sykotischer Typ, postvaccinale Störungen, Demineralisation, Kopfschmerzen, Schweiße, Neigung zu Eiterungen und verzögerter Narbenbildung, Frösteligkeit.

Thuja: Wirkung auf postgonorrhoische und postvaccinale Störungen mit Geschwulstbildungen. Hydrogenoider Typ. Fettes Gesicht mit Varicenbildung an den Nasenflügeln und bläulich-violetten Lippen; trophische Störungen der Haare; kalte, abgestorbene Hände; intestinale Gärung; fixe Ideen und Schlaflosigkeit zwischen 3 und 5 Uhr.

Klinische Diagnostik:

a) Vorbeugungsmittel gegen Pocken. In Epidemie-Zeiten zu verschreiben.
b) Desensibilisierung bei Schäden nach Pockenimpfung.
c) Bösartige Pusteln (Anthrax).
d) Furunkel.
e) Chronische, nässende Ekzeme, hauptsächlich nach Impfung. Impetigo.
f) Als zusätzlich unterstützende Behandlung von Krebsrückständen.

Potenzen:

D 10 – D 15 – D 20.

Malaria

Herkunft: Dr. G. W. BOWEN hat diese vegetabilische Nosode in die homöopathische Materia Medica eingeführt. Die Arzneimittelprüfung machte er mit D 1.

Das Material besteht aus Torfmoor, das in einen mit Wasser gefüllten Glasbehälter gegeben wird. Man läßt es sich 1 bis 2 oder 3 Wochen lang zersetzen. BOWEN stellt die erste Dezimale mit einer zersetzten Lösung aus der 2. Woche her, indem er 10 Tropfen davon in 90 Tropfen Alkohol gibt.

BOERICKE und TAFEL haben eine 30. Potenz mit einer Lösung aus der 2. und 3. Woche hergestellt.

Pathogenese:

1. Allgemeine Symptomatologie:

Gefühl großer Ermüdung und allgemeiner Erschöpfung.

Schwäche wie nach einer langen Krankheit mit Appetitverlust.

Fühlt sich sehr schwach und entkräftet, hat kein Verlangen sich zu bewegen, ist willenlos.

Stuporöser Zustand, wie gelähmt mit einem Gefühl von Prickeln im ganzen Körper.

Kopfschmerzen und gastrische Beschwerden im geschlossenen Zimmer.

Besserung bei offenem Fenster und in frischer Luft.

Ermüdung und Schmerzen im Becken-Kreuzbein-Bereich nach einem kurzen Spaziergang.

Großes Verlangen, sich auszustrecken und ausgestreckt liegen zu bleiben.

2. Psyche und Nervensystem:

a) Psyche:

Fühlt sich benommen, schläfrig.

Hypochondrie.

Fürchtet verrückt zu werden.

Stößt häufig Seufzer aus, ist unruhig, nervös.

b) Nervensystem:

Schmerzen

im Hinterhaupt, schlimmer nachts, schlimmer beim Liegen auf dem Rücken oder auf der linken Seite.

Schmerzen an der Stirn und auf den Wangen.

Schlaf

nicht erfrischend, erwacht müde, nicht rüstig, schwindelig.

Beim Schlafengehen Gefühl von Schwindel und Schlingern, was das Einschlafen behindert.

Schläft beim Lesen ein, Schläfrigkeit tagsüber, häufiges Verlangen zu gähnen und sich zu strecken.

Nachts unruhig, kann nicht die richtige Lage zum Ausruhen finden, schlimmer gegen Morgen.

Schwindel beim Aufstehen; muß sich anstrengen, um gehen zu können.

3. Augen — Hals — Nasen — Ohren:

a) Augen:

Augen schwer, verschlafen.

Schwaches, getrübtes Sehvermögen, hat Schwierigkeiten beim Lesen.

Gefühl von Brennen in den Augen wie von glühenden Kohlen.

Schmerzen im inneren Winkel des rechten Auges.

b) Ohren:

Ziehende Schmerzen in der rechten Ohrmuschel.

c) Nase:

Zusammenschnürungsgefühl an der Nasenwurzel.

Gelbes, sanguinolentes Nasensekret an der Rachenhinterwand, hauptsächlich morgens.

4. Atemwege:

Atmung schwach, langsam, oberflächlich.

Manchmal muß der Patient tief Luft holen.

Husten andauernd, abgehackt, explosiv, beim Reden oder bei Lageänderung im Bett.

Gefühl von brennenden Schmerzen in der linken Brustseite, zum Schulterblatt ausstrahlend.

Gefühl von Brennen in der Brust ab 10 Uhr den ganzen Tag über.

5. Kreislauf:

Gefühl von Herzklopfen, das die ganze Brust erschüttert und bis zum Hals geht, wenn der Patient das Gesicht in die linke Hand stützt.

Kreislaufstörungen: Gefühl von Kälte, das von den Beinen ausgeht und dann den ganzen Körper befällt.

6. Verdauungsapparat:

Zahnschmerzen im Oberkiefer.

Geschmack von Pfeffer an der Zungenspitze.

Zunge weiß belegt mit brauner Mittellinie.

Trockenes Gefühl im Munde, der jedoch in Wirklichkeit feucht ist von klebrigem Speichel.

Lippen trocken, ausgedörrt.

Verlangen nach kalten Getränken, nach Limonade, sauren Sachen, Kartoffeln, Beefsteak.

Bitterer Geschmack, nauseaähnlich, Abscheu vor Nahrung, wagt nicht zu essen, vor lauter Furcht krank zu werden.

Häufiges Sodbrennen.

Nausea; bemüht sich, Schleim zu erbrechen.

Brennen und Kollern im Magen und im Bauch.

Schmerzen in der Umgebung des Nabels mit einem Gefühl von Wärme und von Schwere im Abdomen.

Vergeblicher Stuhldrang.

Verstopfung.

Diarrhoe, ohne Schmerzen, mit intestinaler Schwäche.

Morgendiarrhoe mit weichen, gelben, schmutzfarbenen Stühlen.

Häufige Stühle, 4- bis 5mal täglich schleimige, von Blutstreifen durchsetzte Entleerungen.

Blutende Hämorrhoiden, nicht schmerzend, jedoch hinderlich.

Leber: Gefühl von Bauchgrimmen, von Krämpfen, hauptsächlich nach dem Wasserlassen.

Dumpfe, schlagende Schmerzen in der Leber- und rechten Subscapular-Gegend, verschlimmert beim Niederlegen, gebessert durch starken Druck.

Schmerzen im rechten Hypochondrium, schlimmer im Sitzen, gebessert durch langsames Gehen.

7. Urogenitalapparat:

Urin gefärbt, gleicht dunklem Tee, hat ammoniakalischen Geruch.

Urin spärlich, schwierig zu lassen mit häufigem falschem Drang.

8. Bewegungsorgane:

Lahmer Hals, Schmerzen beim Bewegen des Kopfes.

Lumbale Schmerzen und Ermüdung, verschlimmert beim Liegen auf dem Rücken oder durch Gehen, gebessert durch Liegen auf dem Bauch.

Schmerzhaftes Gefühl im Rücken, als ob er bersten würde.

Die Schmerzen strahlen in die Hüften aus.

Gefühl von Kälte im linken Unterarm, greift auf die Hände und die Finger über.

Lähmungsgefühl in den Händen, die jedoch willkürlich bewegt werden können.

Hände tagsüber kalt, Hände und Füße nachts kalt.

Schmerzen und Ermüdung in Händen und Armen.

Schmerzen in der rechten oberen Iliacalgegend.

Kälte in den Füßen, greift auf die Knie über und steigt dann im Körper hoch.

Dumpfe Schmerzen der Rückenmuskeln, in der Lendengegend, sowie der linken Hüft- und Schenkelmuskeln.

Gefühl von Ermüdung und Brechen der oberen Gliedmaßen, breitet sich zu den unteren Gliedmaßen hin aus und dann im ganzen Körper.

Schmerzen in den Knien, schlimmer beim Aufstehen und Bücken.

Dumpfe Schmerzen im linken N. ischiadicus und in der äußeren linken Hüftgegend.

Gefühl von Hitzewallungen, die vom Knie ausgehen und zum Hals ziehen, ohne Schwitzen, besser durch Niederlegen.

9. Haut:

Haut gelb, trocken.

Augen und Gesicht gelb.

Juckreiz an der linken Wange, dann an den Gliedmaßen, gebessert durch leichtes Frottieren oder durch leichtes Kratzen.

10. Fieber:

Gefühl, kalt zu sein oder fiebrig zu werden.

Kälte 1 Std. lang, gefolgt von Fieber 6 Std. lang.

Kälte mit Hitzewallungen, Verlangen nach frischer Luft.

Kälte, mittags beginnend, alle 2 Tage; Eiseskälte in Höhe der Hüften, dann im ganzen Körper, gefolgt von Fieber und profusem Schwitzen, schlimmer durch Trinken.

Erwacht wie erstarrt, wenn der Schweiß nachläßt.

Schmerzen in den Beinen und Armen, im ganzen Körper mit Kältegefühl, dann Schweißkrisen.

Hohes Fieber nachts und gegen Morgen mit schnellem Puls, Haut warm und trocken, ziehende Schmerzen in Muskeln und Knochen sowie deutliche Ermüdung der Arme.

Gesicht heiß, wie durch Blutandrang, der auf den Kopf und den Körper übergreift.

Delirium nachts, redet und singt und findet keine Ruhe.

Reichliche, profuse Schweiße bei der geringsten Anstrengung.

Mattigkeit morgens, schwere Augen, Schwindel und Unwohlsein.

Erwacht um Mitternacht, heiße Füße, brennende Handflächen, gefolgt von reichlichen Schweißen der unteren Körperhälfte, vor allem in den Beugefalten und im Rücken.

Lanzinierende Schmerzen im linken Hypochondrium, ins linke Bein ausstrahlend.

11. Modalitäten:

Verschlimmerung: Durch Bewegung, bei geringsten Anstrengungen, in einem geschlossenen Zimmer.

Besserung: Durch Ruhe, durch frische Luft, durch starken Druck.

Positive Diagnostik:

a) Gefühl von allgemeiner Erschöpfung. Blässe.
b) Occipitalkopfschmerzen mit Schwindel und Unwohlsein.
c) Schlaf unruhig mit einem Schlingergefühl.
d) Atmung schwach mit abgehacktem, explosivem Husten.
e) Geschmack von Pfeffer auf der Zungenspitze, Verlangen nach kalten Getränken, sauren Speisen, Kartoffeln, Beefsteak.
f) Morgendliche, blutige Diarrhoe.
Leber und Milz schmerzhaft.
g) Schmerzen in den Gliedmaßen und im Rücken.
h) Fieber, Kältegefühl, dann Hitze und reichliche Schweiße.

Differentialdiagnostik:

Acidum aceticum: Intensiver Durst während des Fiebers, Blässe, Schwäche und Abmagerung, Dyspnoe, blutige Diarrhoe, Ödeme der Beine und Füße.

Arsenicum: Verlangen nach kleinen Mengen kalten Wassers; physische und psychische Unruhe von 1–3 Uhr; Erbrechen, wenn der Patient etwas Nahrung zu sich genommen hat; Diarrhoe mit bräunlichen, blutigen Stühlen.

China: Periodische Fieberanfälle, mit einem Stadium von Unruhe, Frösteln und großer Kälte, gefolgt von einem Wärmestadium und dem Verlangen sich aufzudecken, später profuse Schweiße. Unruhe. Leber- und Milzvergrößerung.

Chininum sulf.: Allgemeine Erschöpfung mit Schmerzen und Empfindlichkeit im cervico-dorsalen Bereich. Periodische Fieberattacken. Periodische Neuralgien.

Eupatorium perf.: Periodische Fieberattacken mit Gefühl von allgemeiner Steifigkeit und tiefsitzenden Knochenschmerzen.

Ipecacuanha: Periodizität der Störungen, Reizung der Schleimhäute der Atemwege und des Magendarmkanals, Nausea, Hämorrhagien.

Natrium mur.: Frösteln zwischen 10–11 Uhr mit schlagenden Kopfschmerzen, Durst, Herpes der Lippen. Besserung durch Schwitzen. Neigung zu Periodizität.

Pulsatilla: Mund trocken, Fehlen von Durst, Schwindel beim Aufwachen, wandernde Schmerzen, Frösteln, Herzklopfen, wäßrige Diarrhoe.

Klinische Diagnostik:

1. Allgemeines:
   Postinfektiöse Asthenie. Anämie. Malaria.
   Addisonsche Krankheit. Infektiöser Rheumatismus.
   Malta-Fieber.

2. Psyche und Nervensystem:
   Hypochondrie. Cerebrale Anämie. Schlaflosigkeit.
   Neuritis. Ischias.

3. Atemwege:
   Husten. Bronchitis.
   Prätuberkulöser Zustand und Tuberkulose im Anfangsstadium.

4. Verdauungsapparat:
   Enterocolitis.
   Toxikose der Säuglinge.
   Hepatocholitis. Cholecystitis.
   Milzvergrößerung.

Potenzen:

D 10 – D 15.

Marmorek

H e r k u n f t : Es handelt sich um ein antitoxisches antituberkulöses Serum, das von MARMOREK hergestellt wurde.

NEBEL war der erste, der das Serum in mittleren homöopathischen Potenzen empfohlen hat.

Léon VANNIER hat im Jahre 1912 eine genaue Abhandlung darüber geschrieben.

Pathogenese:

A l l g e m e i n e s :

Nach den ersten Beobachtungen von Léon VANNIER profitieren 2 Arten von Kranken von *Marmorek.* Das sind die Tuberkuliniker und die Tuberkulösen.

Nach VANNIER haben wir die folgenden klinischen Aspekte bei den Tuberkulinikern:

a) Fieber ohne genau zu bestimmende Ätiologie,
b) Wiederholten Schnupfen,
c) Zahnerkrankungen,
d) Verstopfung,
e) Herzneurosen.

All diese intoxinierten Typen haben guten Erfolg mit einer oder mehreren Gaben *Marmorek.*

Hinsichtlich der echten Tuberkulose ist die Verordnung dieser Nosode angezeigt bei Tuberkulösen mit mangelnder reticulo-endothelialer Reaktion, bei fibrös-käsigen Formen, bei Knochentuberkulose, bei tuberkulöser Peritonitis und bei Nierentuberkulose.

1. Allgemeine Symptomatologie:

Abmagerung.
Fiebrige Zustände.
Hartnäckige Verstopfung.
Es handelt sich um magere, blasse, nervöse, unruhige, lebhafte, hypersensible Patienten.

2. Psyche und Nervensystem:

Reizbarkeit; Schlaflosigkeit.
Neuritiden oder wandernde Neuralgien der Zähne, der oberen Gliedmaßen, des Brustkorbs.
Schmerzen in den Lungenspitzen.
Wandernde Achselschmerzen.
Intercostale Schmerzen an unterschiedlichen Stellen.
Asthenie.

3. Atmungsorgane:

Diffuse Thoraxschmerzen, auch bei Perkussion.
Schmerzen in den Lungenspitzen.
Achselschmerzen mit geschwollenen Axillardrüsen.

4. Kreislauf:

Herzerethismus.
Arterielle Hypotonie.

5. Verdauungsapparat:

Trockene Lippen von lebhafter roter Farbe im Mittelteil und mit trockenen Krusten an den Winkeln.
Trockener Mund. Trockene, rote, glatte, glänzende Zunge.
Appetit mangelt vollständig.
Spastische Obstipation ohne Stuhldrang; harte, trockene Stühle.

6. Bewegungsorgane:

Muskelkrämpfe.
Arthralgien.
Eiternde Knochenentzündungen mit Fisteln.
Wandernde, heftige, plötzlich auftretende Gliederschmerzen, mit Muskelkrämpfen und subfebrilen Zuständen nach einem Marsch oder nach einer Anstrengung.

7. Haut:

Miliaria (Schweißfriesel), mit kleinen roten Punkten, mehr oder weniger juckend.
Granitähnliches Aussehen der Haut.
Trockenheit der Haut.

8. Modalitäten:

Verschlimmerung: Vor den Menses, durch geistige Überanstrengung, durch längeres Gehen oder eine länger dauernde Anstrengung.

Besserung: Durch Ruhe.

Positive Diagnostik:

a) Lymphadenopathie.
b) Anorexie mit Abmagerung und Hypotonie.
c) Trockenheit der Haut und der Schleimhäute.

Differentialdiagnostik:

Calcium phos.: Marmorek ergänzt *Calc. phos.*
Wachstumsschmerzen. Kopfweh der Schüler. Verlangen nach geräuchertem oder gesalzenem Fleisch.
Diarrhoe nach kalten Getränken.

Natrium mur.: Abmagerung, Kopfschmerzen, Depressionen, Fissuren in der Medianlinie der Lippen.
Durst, Trockenheit des Mundes, Landkartenzunge, fettige Haut.

Sulfur jod.: Adenopathien.
Abmagerung.
Hypertrophie der Mandeln.
Tracheitis mit ermüdendem Husten.
Juckender Hautausschlag.

Klinische Diagnostik:

1. Allgemeines:
Tuberkulinische Zustände mit Magerkeit und Anorexie.
Tuberkulöse Zustände im Anfangsstadium.
Gougerot-Sjögrensches Syndrom.

2. Nervensystem:
Schlaflosigkeit
hauptsächlich der Kinder im schulpflichtigen Alter, die lange brauchen um einzuschlafen.
Kopfschmerzen (neuralgischer Typ nach Arnold).

Zahnschmerzen infolge Demineralisation.
Brustschmerzen bei Pleuritis oder Bronchitis.

3. Atmungsorgane:
Laryngitis. – Bronchitis.
Bronchopneumonie.
Lungenkongestion.
Pleuritis.

4. Verdauungsapparat:
Nervöse Dyspepsie.
Tuberkulöse Peritonitis.
Spastische Obstipation.

5. Bewegungsorgane:
Tuberkulöser Rheumatismus von PONCET-LERICHE.
Arthralgien.
Knochentuberkulose mit Fisteln.

6. Haut:
Impetigo.
Lupus erythematodes.
Erythrocyanosis cutis symmetrica (supramalleolär) der jungen Mädchen.
Akrocyanose.
Pityriasis rosea (GIBERT).
Besnier-Boeck-Schaumannsche Krankheit.
Akne rosacea.
Frostbeulen.

Potenzen:

D 10 – D 15 – D 20.

Anmerkungen:

Wie bei anderen Nosoden muß man auch hier wiederholen und unterstreichen, daß die Verschreibung des *Marmorek-Serums* zuvor eine Drainage des Kranken erfordert; dabei sind *Natr. mur., Sulf. jod., Calc. phos., Puls., Crat., Solid., Bry., Arum* usw. häufig die geeignetsten Mittel.

Marmorek ist eine wertvolle Nosode für die klinische Anwendung, da sie in ihrer Wirkung sehr zuverlässig ist. Es ist nur zu bedauern, daß eine Verschreibung in Frankreich im Augenblick unmöglich ist.

Medorrhinum

Herkunft: *Medorrhinum* wird aus dem eitrigen Urethralsekret einer akuten Gonorrhoe hergestellt. Das Sekret wird vor jeglicher Behandlung und von mehreren Personen abgenommen.

Die mikroskopische Untersuchung zeigt: Zahlreiche NEISSERsche Diplokokken, polynucleäre Leukocyten und Ephitelzellen.

Es handelt sich also um ein biologisches Komplexpräparat aus dem Erreger und den Reaktionsprodukten der Umgebung. Das Bakteriolysat wird auf Unschädlichkeit und Sterilität kontrolliert.

Die Pathogenese wurde von SWAN aufgestellt, HERING erweiterte und veröffentlichte sie im Jahre 1891.

Pathogenese:

1. Allgemeine Symptomatologie:

Schwacher, reizbarer Patient mit Unruhe der Beine und Füße, der alles in Eile vollbringt, denn die Zeit scheint ihm zu langsam zu vergehen.

Er vergißt die jüngsten Ereignisse sowie Namen und Zahlen, kann nicht über sich sprechen ohne zu weinen, fürchtet sich vor Katastrophen, vor Luftzug und vor Kälte, fühlt sich an der Küste des Meeres besser, hauptsächlich bezüglich seiner Gelenksteifheit.

Verschlimmerung, wenn er an seinen Zustand denkt; tagsüber ist er griesgrämig, gegen Abend geht es ihm besser, nachts ist er ausgesprochen fröhlich, um dann morgens beim Erwachen wieder nervös zu werden.

Die Kinder sind anämisch, mit multiplen Adenopathien, sie haben einen großen Kopf, ein schwitzendes Gesicht und häufig Katarrhe.

Bei den Säuglingen sind das Gesäß und die Umgebung des Anus oft rot und nässend.

Die Medorrhinum-Säuglinge wollen immer, die Kinder häufig und die Erwachsenen manchmal auf dem Bauch schlafen, das Gesäß in die Luft gestreckt, den Kopf im Kopfkissen vergraben.

2. Psyche und Nervensystem:

Hochgradige Nervosität, tiefe Erschöpfung, schlimmer morgens.

Kopfschmerzen durch allgemeine Erschöpfung, durch übermäßige Anstrengung, durch Ortsveränderung.

Stirnkopfschmerzen mit Bandgefühl um den Schädel und Brechreiz, schlimmer beim Bücken.

Kopfschmerzen, schlimmer bei feuchtem Wetter, durch Licht und durch Husten.

Neuralgien erscheinen und verschwinden plötzlich.

Schlaflosigkeit nach Mitternacht und nach 4 Uhr.

Träumt zu trinken, oberflächlicher Schlaf; er hört alles, was sich um ihn herum abspielt.

Bettnässen; reichlicher, gefärbter Urin.

Schwindel, schlimmer beim Bücken, gebessert in ausgestreckter Lage. Fürchtet sich zu fallen.

Ideenflucht beim Sprechen.

Halluzinationen: hört flüstern und sieht Gesichter, die ihn hinter den Möbeln anstarren (KENT).

Hat Vorahnungen, alles erscheint ihm unwirklich.

Plötzlicher Charakterumschwung: im Moment traurig, einen Augenblick später zufrieden und glücklich (KENT). Todesahnungen. Angst beim Erwachen, als habe sich etwas Furchtbares zugetragen; Furcht vor der Dunkelheit, Befürchtungen wegen seines Seelenheils.

3. Augen und Ohren:

Sehstörungen mit schwarzen oder braunen Flecken im Gesichtsfeld.

Die Gegenstände erscheinen doppelt oder zu klein.

Der Kranke glaubt, er könne die Gegenstände, die sich vor ihm befinden, nicht mehr sehen.

Sandgefühl unter den Lidern. Die Lider sind morgens verklebt. Prickelgefühl in den Augen. Die Lidränder sind rot und entzündet. Wimpernausfall. Säcke unter den Augen.

Ziehen in den Sehmuskeln und Gefühl, als ob die Augen nach vorn gezerrt würden.

Abnahme des Gehörs oder vollständige Taubheit.

Meint Stimmen zu hören.

Schmerzen entlang der Eustachischen Röhre, in die Ohren ausstrahlend.

Jucken im äußeren Gehörgang.

Stechende Schmerzen in den Ohren.

4. Atmungsorgane:

a) Nase:

Rhinitis mit verstopfter Nase und Anosmie.
Weiße oder gelbe Nasensekrete.
Blutige Sekrete und Nasenbluten.
Jucken und Zwicken in der Nasenspitze. Empfindlichkeit beim Luftholen. Wäßriger Schnupfen mit Stirnschmerzen, schlimmer gegen 10 Uhr.

b) Bronchien–Lungen:

Trockener, schmerzhafter Husten, schlimmer nachts, gebessert durch Liegen auf dem Bauch, schlimmer in einem warmen Zimmer.
Asthma mit erschwerter Ausatmung, Erleichterung in Knie-Brustlage.
Glottisspasmen; Trockenheit des Schlundes ruft beim Zubettgehen Husten hervor.
Asthma infantile, erleichtert durch Liegen auf dem Bauch und Herausstrekken der Zunge.
Auswurf erschwert, zäh, mit kleinen gräulichen Schleimbrocken.
Besserung des Asthmas am Meeresstrand.

5. Kreislauf:

Neigung zu Kollaps mit Verlangen, gefächelt zu werden und sich aufzudecken trotz kalten Schweißes.

Atemnot, Herzklopfen.

Präcordiale, schneidende, stechende Schmerzen, verschlimmert durch Bewegung (KENT).

Brennen in der Herzgegend mit Ausstrahlung in den linken Arm.

6. Verdauungsapparat:

Gelbliche, lockere, cariöse Zähne.

Zungengrund weißlich belegt mit Aphthen. Schlund bedeckt mit dickem Schleim, der aus der retro-nasalen Gegend kommt.

Mund trocken, brennend; schlechter Atem.

Heißhunger, sogar nach dem Essen.

Starker Durst.

Verlangen nach Stimulantien, nach Tabak, Süßigkeiten, grünen Früchten, Eis, sauren Gerichten, Orangen, Bier, Salz.

Unwohlsein nach dem Essen und nach Trinken von Wasser.

Erbrechen von Schleim und Galle.

Krampfartige Schmerzen im Magen, keine Erleichterung durch Essen oder Trinken.

Schmerzen im Plexus solaris mit Beklemmung.

Zuckende Schmerzen im Magen, als ob der Magen zerrissen würde; verschlimmert durch Kniebeugen.

Lebhafte Leber- und Milzschmerzen.

Verstopfung: Hat nur Stuhlgang, wenn er sich stark zurückbeugt.

Klebende, lehmfarbene Stühle. Schmerzen bei der Entleerung. Peri-anales Nässen mit Geruch nach Fischlake. Afterjucken.

Heftige, stechende Schmerzen im Afterschließmuskel.

Aftervorfall, hauptsächlich beim Kind.

7. Urogenitalapparat:

Nächtliche Harninkontinenz: Urin ammoniakalisch, dunkelgelb gefärbt, von stinkendem Geruch; beim Stehen bildet sich eine dünne Fetthaut.

Albuminurie mit hyalinen Zylindern im Sediment. Fußödeme und lebhafte Schmerzen in den Fersen.

Entzündung der Blase, der Prostata und der Nieren. Häufiger Harndrang nachts. Blasenschwäche, schwacher Urinstrahl.

Nächtliche Samenergüsse, gefolgt von großer Schwäche und Impotenz bei jungen Leuten infolge gonorrhoischer Infektion, die zu lange mit Spülungen behandelt wurde.

Verschleppte Metritis mit rheumatischen Symptomen; allgemeine Schwäche; blasses, kränkliches Gesicht.

Hoden- und Samenstrangschmerzen, hauptsächlich links, mit Begleitschmerz der linken Ischiasnerven, verschlimmert durch den geringsten Luftzug.

Chronische Eierstockschmerzen.

Dysmenorrhoe mit Schmerzen in der Sacro-Coccygeal-Gegend und in den Schenkeln, Erleichterung durch Anziehen der Beine an den Leib.

Reichliche, grünliche Leukorrhoe, Geruch nach Lake, ruft hartnäckiges vulvovaginales Jucken hervor.

Starke Menses mit zersetztem, stinkendem Blut, mit häufigem Harndrang und mit schmerzhafter Empfindlichkeit der Brüste.

Die Brüste sind eiskalt, marmoriert, empfindlich gegen Berührung.

Erhöhte Libido nach den Menses mit Hitzewallungen und Schweißen.

8. Bewegungsorgane:

Akute oder chronische rheumatische Schmerzen.

Schmerzen gebessert am Meeresstrand, verschlimmert durch kalte Feuchtigkeit, durch Berührung und tagsüber (*Luesinum:* nachts).

Brennende Schmerzen entlang der Wirbelsäule, brennende Hitze in Händen und Füßen.

Schmerzhafte Empfindlichkeit der Ferse und der Fußsohle.

Hüftschmerzen links.

Schmerzen in der Lumbal- und Sacral-Gegend, von den Hüften zu den Schenkeln ziehend.

Akuter Rheumatismus ist schlimmer bei Bewegung, chronischer Rheumatismus bessert sich durch Bewegung.

Schmerzen der Schultern und der kleinen Gelenke.

Schmerzen neuralgischer Art kommen und gehen plötzlich, schlimmer bei kalter, feuchter Witterung oder vor einem Gewitter.

Deformation der Fingergelenke mit Steifheit.

Unruhe und brennende Schmerzen der Füße, gebessert durch frische Luft; kalter Schweiß auf der Fußsohle.

9. Haut:

Sykotischer Typ, für den ein hydrogenoider Zustand charakteristisch ist mit Retention der Säfte im reticulo-endothelialen System, mit chronischem Katarrh, Gelenksteifheit, juckenden Ausscheidungen und Wucherungen auf Haut und Schleimhäuten.

Folgezustände nach Gonorrhoe, nach wiederholten Impfungen und neuerdings nach antibiotischer Behandlung.

Haut kalt, feucht; glänzt von kalten, reichlichen, stinkenden Schweißen. Hautkälte an der Nase, an Füßen und Händen und an den Brüsten.

Gelbe Flecken auf den Händen.

Juckreiz, verschlimmert beim Darandenken.

Spitze, gestielte Warzen; Feigwarzen, Polypen.

Brüchige Nägel, deformiert durch Querfurchen.

10. Modalitäten:

Verschlimmerung:

Durch Darandenken.
Im Gebirge.
Durch Berührung.
Tagsüber.
Durch trockene Kälte.

Besserung:

Am Meeresstrand.
Durch Liegen auf dem Bauch.

Durch feuchte Witterung.
Nachts.
Durch energisches Reiben.

Positive Diagnostik:

Kann sich auf kürzlich erlebte Dinge nicht besinnen.
Hastig mit Zucken in den Beinen und Brennen in den Fersen.
Wolfshunger; Sucht auf alkoholische Stimulantien.
Juckende, nach Lake riechende Haut- oder Schleimhautexkrete.
Brennende Schmerzen der Gelenke und der Wirbelsäule.
Verschlimmerung tagsüber, Besserung am Meeresstrand und durch Knie-Brustlage.

Differentialdiagnostik:

Natrium sulf.: Hydrogenoider Zustand, Melancholie, posttraumatische geistige Störungen. Flatulenz, periodische Hautstörungen, Wucherungen von Warzen.

Psorinum: Chronische Autointoxikation, Psychasthenie, Demineralisation. Fröstelig, ängstlich, periodische Migränen. Nässende, aashaft stinkende Ausschläge.

Thuja: Fixe Ideen mit hydrogenoidem Zustand, Wucherungen auf der Haut oder den Schleimhäuten, chronische Katarrhe, Verdauungsstörungen, chronische lokalisierte Schweiße, Varicositäten an den Nasenflügeln. Folgezustände nach Gonorrhoe, Impfungen und antibiotischer Behandlung.

Klinische Diagnostik:

1. Allgemeines:
Gonorrhoefolgen. Anämie. Arthritismus.
Diabetes.
Chronische Reticulo-Endotheliose.
Rachitis.
Krebsartige Zustände.

2. Psyche und Nervensystem:
Charakterstörungen: der Kranke ist deprimiert, ungeduldig, eigensinnig.
Schmerzen am Solarplexus.
Neuralgien und Neuritiden. Ischias links.
Kopfschmerzen. Schlaflosigkeit. Migräne.

Konvulsionen bei Kindern.
Zurückgebliebene Kinder.
Vorzeitiges Altern mit Gedächtnisstörungen.
Schwindel.
Dämmerzustände mit Halluzinationen.

3. Augen und Ohren:
Ophthalmie. Blepharitis. Diplopie. Otosklerose. Taubheit (?).

4. Atmungsorgane:
Chronische Rhinitis. Nasenbluten.
Asthma. Nächtlicher trockener Husten.
Spastische Laryngitis.

5. Kreislauf:
Kollaps. Pseudoangina pectoris. Herzleiden nach Rheuma.

6. Verdauungsapparat:
Pharyngitis. Chronische Tonsillitis.
Hypertrophie der Mandeln.
Leberinsuffizienz.
Gastritis. Schwangerschaftserbrechen. Cholera infantum.
Toxikose. Wurmkrankheit mit Analjucken.
Konstipation mit lehmigen Stühlen.

7. Urogenitalapparat:
Chronische Gonorrhoe, Nachtripper.
Impotenz. Prostatitis. Adenom der Prostata.
Salpingitis – Metritis – Cervicitis – Leukorrhoe.
Dysmenorrhoe. Ovarialcysten.
Vaginitis. Vaginismus. Vulvajucken.
Polypen des Uterushalses. Condylome der Vulva.
Bettnässen. Masturbation.

8. Bewegungsorgane:
Rheumatismus gonorrhoicus.
Chronischer Rheumatismus. Gicht.
Ischias links.
Fersenneuralgie.
Periarthritis humero-scapularis.

9. Haut und Behaarung:
Onychoschisis. Nägelkauen.
Perianales Ekzem der Säuglinge.

Urticaria. Warzen. Feigwarzen.
Gutartige gestielte Geschwülste.
Schweiße mit Fischgeruch.

Potenzen:

D 8 – D 10 – D 15 – D 20.

Anmerkungen:

Medorrhinum ist eine gute Nosode bei hydrogenoiden, sykotischen Zuständen bzw. bei chronischer Endotheliose (nach der neuen Terminologie von H. Bernard). Es ist ein wirksames und zuverlässiges Mittel, mit dem eine Besserung oder sichere Heilung erzielt werden kann, vorausgesetzt, daß die Auswahl korrekt vorgenommen wurde.

Beim Säugling ist das Mittel vor allem angebracht bei Gesäßekzemen; beim Kind für nächtliches Asthma und beim Vorliegen des folgenden charakteristischen Symptoms: Das Kind bzw. der Säugling befinden sich besonders wohl auf dem Bauch (Knie-Brustlage) oder sie lieben es, auf dem Bauch zu schlafen, das Gesäß nach oben gestreckt und aufgedeckt.

Für Frauen ist es ein wirksames Mittel bei infektiösen, chronischen, verschleppten Krankheiten. Es ist nicht angebracht bei postgonorrhoischer Sterilität, aber es hilft die toxische Belastung aufzuheben.

Bei allen Impfschäden (mit Encephalitissymptomen) ist seine Wirkung sicher, u. zw. im Wechsel mit *Vaccinotoxinum* D 20 oder D 60 und mit *Thuja.*

Dasselbe gilt für Haut- und Lungenaffektionen sowie für Migränen nach Anwendung von Antibioticis.

Bei chronischer Urethritis, ganz gleich ob Gonokokken die Ursache waren oder nicht, ist das Mittel in Verbindung mit *Arg. met.* besonders wirksam.

Bei Krebserkrankungen hat das Mittel im Wechsel mit *Thuja, Natr. sulf.* und *Vaccinotoxinum* bemerkenswerte Erfolge.

Im Gegensatz zu *Psorinum,* das nicht so zuverlässig wirkt, ist *Medorrhinum* ein Biotherapeuticum, das in der täglichen Praxis eine große Rolle spielt.

Meningococcinum

H e r k u n f t : Bakteriolysat aus Kulturen von einer Mischung mehrerer Meningokokken-Stämme.

Potenzen:

D 15 und D 20.

Indikationen:

Dauernde Schläfrigkeit.
Meningitis.
Narkolepsie.

Monilia albicans

H e r k u n f t : Bakteriolysat einer Kultur von *Monilia albicans* (aus dem „Institut Pasteur").

Diese Nosode wurde in die Homöopathie von Dr. FALLEX (Paris) eingeführt.

Pathogenese:

1. Verdauungsapparat:

Z u n g e dick, trocken, gefurcht, im hinteren Abschnitt rot oder weiß. Stomatitis aphthosa mit Bläschen und weißlichen Ablagerungen; Atem stinkend.

B l u t e n d e G i n g i v i t i s. Trockenheit von Mund und Zunge.

L i p p e n trocken, eingerissen, mit Krusten bedeckt. Rhagaden.

V e r s t o p f u n g mit schmerzhafter Empfindlichkeit, besonders in der Coecalgegend.

2. Urogenitalapparat:

Vulvitis; lichenoide Vaginitis mit Pusteln, Juckreiz und Nässen. Kraurosis vulvae.

3. Bewegungsorgane:

Gelenkschmerzen.

4. Haut:

Ekzeme, vor allem lokalisiert in den Haut- und Schleimhautfalten, mit dem typischen Merkmal linearer Fissuren.

Fußekzeme im 4. Interdigitalraum. Nagel- und Nagelbettentzündungen (*Graph.*).

Ekzeme der Hände, zwischen den Fingern, am inneren und äußeren Rand.

Ekzeme der Kniekehle, der Analgegend, der Gesäßfalte, am Nabel unterhalb der Mammae, in den Achselhöhlen und am Ellbogen.

Intertrigo inguinalis-perinealis.

Positive Diagnostik:

a) Ekzeme mit linearen Fissuren der Haut- und Schleimhautfalten.
b) Mund aphthös mit krustenbedeckten Lippen.
c) Vulvo-Vaginitis.
d) Dermatosen, meistens nach antibiotischer Therapie.

Differentialdiagnostik:

Arum triph.: Reizung und Geschwürsbildung der Schleimhäute (Nase, Mund, Schlund, Larynx, Speiseröhre, Bronchien, Eingeweide) mit brennenden Schmerzen.

Graphites: Trockene Haut und Hautausschläge mit zähem Exsudat, klebrig mit Bildung von gelblichen Schuppenkrusten, lokalisiert in den Beugefalten, an der Kopfhaut, den Lippenecken, hinter den Ohren, interdigital, in der Analfalte. Flatulenz, Verstopfung, Frösteligkeit, Depression, Fettleibigkeit.

Medorrhinum: vgl. den entspr. Abschnitt.

Thuja: Sykotische Zustände; herpetiforme oder pustulöse Hautausschläge an den mit Kleidern bedeckten Körperteilen; gelb-grünliche Leukorrhoe, verschlimmert durch feuchte Kälte; Bildung von Haut- oder Schleimhauttumoren.

Weiterhin kann man noch anführen: *Arg. nitr.; Dulc.; Petr.; Merc.; Alum.*

Klinische Diagnostik:

Impetigo. Flechte.
Chronische Ekzeme.
Intertrigo.
Ekzeme der Vulva.
Kraurosis.
Stomatitis. Gingivitis.
Gastritis.

Potenz:

D 30.

Morbillinum

H e r k u n f t : Bakteriolysat, gewonnen ohne Zusatz eines Antisepticums aus bucco-pharyngealem Exsudat bei unbehandelten Masern.

Potenzen:

D 8 – D 10 – D 15 – D 20.

Indikationen:

Zu verschreiben am Ende einer Masernerkrankung.
Chronische Augen- und Nasenkatarrhe.

Mucor mucedo

H e r k u n f t : Bakteriolysat, gewonnen durch Isolierung und Überimpfung des Pilzes Mucor mucedo auf eine Sabouraud-Kultur bei einer Temperatur von 25°.

Pathogenese:

Diese Nosode wurde von Dr. POMMIER DE SANTI (Paris) im Jahre 1955 bekanntgemacht.

Positive Diagnostik:

1. A l l g e m e i n e s :
   Asthenie, Abmagerung. Anämie.
   Entkalkung mit Phosphaturie.
   Trockenheit der Hautanhangsgebilde (Haare und Nägel).
   N e u r o v e g e t a t i v e D y s t o n i e m i t Ä n g s t l i c h k e i t u n d F r ö s t e l i g k e i t.

2. P e r i o d i z i t ä t
   mit Verschlimmerung im Frühling und in geringerem Grade im Herbst.

3. B e s s e r u n g
   durch verlängerten Seeaufenthalt trotz einer vorübergehenden anfänglichen Verschlimmerung.

Potenzen:

D 20 – D 30 – D 60.

Klinische Indikationen:

Psoro-sykotische Zustände.
Chronische Sinusitis. Verschleppte Otitiden. Rhinitis.
Tonsillitis. Drüsenentzündungen beim Zahndurchbruch.
Hypertrophie der Mandeln und adenoide Wucherungen.
Spasmodischer Schnupfen.
Phlegmone der Mandeln.

Mucotoxin

Das Mittel wurde von Cahis (Barcelona) hergestellt aus dem Mikrococcus catarrhalis, dem Friedländerschen Pneumobacterium und dem Mikrococcus tetragenus.

Potenzen:

D 10 – D 15.

Indikationen:

Akute und chronische Bronchitis mit verschleimten Katarrhen bei Kindern und alten Leuten.

Oscillococcinum

Herkunft: Bakteriolysat aus Kulturen von Oscillococcus-Mikroben nach Dr. Joseph Roy.

In seinem Buch „Vers la connaissance et la guérison du Cancer“ (Erkennung und Heilung von Krebs), erschienen 1925, beschreibt er die Mikroben, die er in Krebstumoren, aber auch in gonorrhoischem Eiter und in den Sekretionen von schweren Grippeerkrankungen findet. Nachdem das Mittel ungefähr 40 Ratten injiziert worden war, starben dieselben an „Grippe“ innerhalb 24–48 Std. Die einen wiesen eine gastro-intestinale Grippe auf, die anderen eine Bronchopneumonie. Erst durch die klinische Arbeit von Dr. Chavanon bekam diese Nosode einen praktischen Wert. *Oscillococcinum* D 15 in Globuli-Form erwies sich als günstig bei den folgenden klinischen

Indikationen:

a) Grippale Otitis.
b) Mastoiditis.
c) Grippe.

Meine eigene klinische Erfahrung hat mir gleichfalls bestätigt, daß wir im *Oscillococcinum* zweifellos eine sicher wirksame, ausgezeichnete Nosode besitzen.

Jede beginnende Grippe, jedes Kind, das über Ohrenschmerzen, über beginnende Angina, über Schnupfen klagt, sollte sofort und vor allen anderen Mitteln eine Gabe *Oscillococcinum* D 15 bekommen. Der Kranke, die Familie und der Arzt werden durch dieses Vorgehen gleichermaßen belohnt werden.

Oscillococcinum D 15 und *Eupatorium perf.* D 15 sind zwei Hauptmittel bei jeder beginnenden Grippe.

Ourlianum

H e r k u n f t : Speichel eines Kranken mit Ziegenpeter (Mumps).

Potenzen:

D 10 – D 15.

Indikationen:

Nach Beendigung von Ziegenpeter (Mumps).
Orchitis.

Paratyphoïdinum B

H e r k u n f t : Es handelt sich um ein Bakteriolysat, das ohne Zusatz eines Antisepticums gewonnen wird, u. zw. aus Kulturen einer Mischung mehrerer Stämme von Paratyphusbakterien des Typus B.

Pathogenese:

Keine homöopathischen Arzneimittelprüfungen.

Die klinische Anwendung hat jedoch die Aufstellung verschiedener Indikationen ermöglicht. Das Mittel ist von g r o ß e r t h e r a p e u t i s c h e r W i r k s a m k e i t.

Positive Diagnostik:

a) Fieber mit Temperaturen bis zu 40°.
b) Exsiccose, Schweiße, Blässe.
c) Stinkende Diarrhoe.
d) Schwäche der Herztöne mit Arrhythmie.
e) Angina lacunaris.
f) Zustand von chronischem Marasmus nach einer früheren typhoiden oder paratyphoiden Erkrankung.

Differentialdiagnostik:

Camphora: Erschöpfung mit Kaltwerden der Extremitäten, nervöse spasmodische Störungen.
Verlangen zugedeckt zu werden, verträgt jedoch die Decken nicht. Gesicht blaß, kalte Schweiße und Gleichgültigkeit allem gegenüber.

Colibacillinum: vgl. den entspr. Abschnitt.
Die Nosode *Colibacillinum* ist häufig im Wechsel mit *Paratyphoidinum B* und *Eberthinum* angebracht.

Natrium mur.: Starke Abmagerung mit Anämie; Depression. Chronische Kopfschmerzen, Medianfissur der Unterlippe, Verlangen nach Salz.

Veratrum alb.: Erschöpfungszustände mit Schweißen, Diarrhoe, Erbrechen und Gesichtsblässe.

Klinische Diagnostik:

a) Neurotoxikosen der Säuglinge.
b) Sommerliche Enteritis.
c) Intoxikationen nach Essen von Muscheln.
d) Verschleppte Anginen und grippale Pharyngitiden.
e) Toxische Infektionen durch Salmonella typhi murium oder S. enteritidis.
f) Chronische Magerkeit; Vorfahren des Kranken hatten eine Salmonella-Infektion.
g) Chronische Cholecystitis mit intermittierenden Fieberstößen.
h) Subakute, verschleppte Fieberzustände.
i) Psychopathische Zustände bei Colibacillosis.
j) Krebsartige Zustände.

Potenzen:

D 15 – D 20 – D 30.

Anmerkungen:

Es ist hier zu ergänzen, daß man in der Praxis trotz des Fehlens einer geordneten Pathogenese nach der HAHNEMANNschen Methode eine sichere, therapeutische Wirksamkeit von *Paratyphoidinum B* feststellen kann, während die von *Eberthinum* weniger gewiß ist. Es ist das gleiche wie bei dem *Anti-colibacillären Serum,* dessen Wirksamkeit sicher und schnell ist, während die Wirksamkeit von *Colibacillinum* immer noch fraglich ist. Bei gewissen depressiven Psychosen und Abmagerungszuständen können wir mit Sicherheit auf *Paratyphoidinum B* in Kombination mit *Natrium mur.* zählen, sowie auf das *Anti-colibacilläre Serum* in hohen Potenzen (D 15 – D 30 – D 60).

Bei Kindern mit adenoiden Vegetationen, bei wiederholter Otitis, bei rezidivierender Rhinopharyngitis sollte man sich daran erinnern, daß wir mit *Aviaire, Colibacillinum, Oscillococcin* und *Paratyphoidinum B* eine Reihe von Nosoden haben, die wir ohne Bedenken und mit Erfolgsaussichten anwenden können, immer in hohen Potenzen.

Natürlich wendet man hier, wie auch sonst immer, die Nosode in Übereinstimmung mit dem Krankheitsbild und zusammen mit dem homöopathischen Simillimum an. Die Nosode spielt hier jedoch eine doppelte Rolle: eine ätiologische, wenn es sich um eine relativ frische Infektion handelt; sodann eine pathergische hinsichtlich des Terrains durch Modifikation des reticulo-endothelialen Systems und der corticotropen Hormonsituation, sofern die Infektion in der Vergangenheit liegt und jetzt latent ist.

Die klinische Erfahrung ermöglicht dem Arzt, sich eine gewisse Routine bei der Verschreibung von Nosoden anzueignen, vor allem wenn die klinische Beobachtung des Kranken sehr gründlich durchgeführt wird, und so einen veralteten psorischen Zustand erfolgreich zu drainieren.

Penicillinum

Herkunft: Man benützt das Natriumsalz des Benzylpenicillins oder Penicillin G ($C_{14}H_{12}O_4N_2S$ Na).

Es ist ein weißes kristallinisches Pulver, geruchlos, etwas bitter, leicht hygroskopisch, sehr gut löslich in Wasser, in verdünntem Alkohol und Glycerin. Es schmilzt bei 294°. Die Dosierung erfolgt mittels Jodometrie oder Spektrophotometrie. Außerdem stellt man verschiedene biologische Versuche an:

a) auf Giftigkeit an Mäusen,
b) auf pyrogene Substanzen,
c) auf Sterilität (mit besonderen Kulturböden, die Caseinpeptone und ein Autolysat aus Hefe, Cystin, Thioglykolsäure und Resazurin enthalten),
d) auf antibiotische Aktivität bei Staphylococcus aureus,
e) auf Wärmestabilität, d. h. Bestimmung der antibiotischen Aktivität nach einem Aufenthalt von 4 Tagen im Brutschrank bei 100°, wobei der Aktivitätsverlust ungefähr 10% betragen dürfte.

Die Wirksamkeit des *Penicillins* wird in internationalen Einheiten ausgedrückt, jedoch dosiert man die Dilutionen nach Gewicht.

Die erste Centesimal-Potenz gewinnt man, indem man eine Gewichtseinheit Penicillin G in einer genügenden Menge bidestillierten sterilen Wassers auflöst, um 100 Einheiten der Lösung zu erhalten. Die folgenden Dilutionen gewinnt man durch Potenzieren mit 70%igem Alkohol. Die 1. Dilution ist nicht haltbar.

Pathogenese:

Dr. Guermonprez, Lille, hat im Jahre 1954/55 eine Hahnemannsche Arzneimittelprüfung durchgeführt.

1. Allgemeine Symptomatologie:

Asthenie, Frösteligkeit, subfebriler Zustand.

Veränderlicher sykotischer Zustand mit Furunkeln, Dermatosen, Warzenbildung, schleimig-eitrigen Absonderungen.

Kontinuierliches Fieber, 38° abends, lange Zeit anhaltend.

2. Psyche und Nervensystem:

a) Psyche:

Asthenie mit geistiger Trübung; befindet sich nur in liegender Stellung wohl; jede Anstrengung fällt schwer.

b) Nerven:

Blitzartige Schmerzen, verschlimmert durch Bewegung, begleitet von Stichen unter der Haut, verschlimmert gegen 4 Uhr und nach 18 Uhr.

Stirnkopfschmerzen rechts.

Neuralgien, supraorbital und hinter dem Augapfel rechts.

Schwere des Kopfs mit Unwohlsein, verschlimmert durch Bewegung und mit intensivem, allgemeinem Kältegefühl.

Schlaf:

Schwer oder leicht und unruhig; erwacht um 2 Uhr mit Unbehagen.

Schwindel mit Unwohlsein, verschlimmert durch Bewegung.

3. Augen — Hals — Nasen — Ohren:

Augen:

Langsam entstehende Gerstenkörner.

Conjunctivitis morgens mit zusammengeklebten Augenlidern.

Tränenfluß.

Aufgeschwollensein der Augenlider, hauptsächlich des unteren.

Hals, Nasen, Ohren:

Sinusitis frontalis rechts.

Verschleppter Schnupfen mit gelbem, dickem Ausfluß.

Eitrige Otitis.

Furunkel oder Ekzem des Gehörgangs.

Ohrensausen.

4. Atmungsorgane:

Subfebrile Angina, lange dauernd und rezidivierend.

Husten trocken, heiser, manchmal anfallsweise, der den Kranken dazu zwingt, sich zusammenzukrümmen; gebessert durch Ruhe.

Sternale und suprasternale Schmerzen.

Auswurf gelb oder weißlich-gelb, dick.

Asthmaartige Dyspnoe um 4 Uhr. •

5. Kreislauf:

Präcordiale Schmerzen, schlimmer beim Erwachen.
Herzklopfen, unregelmäßige Herzschläge, schneller Puls.
Extremitäten kalt mit Ameisenlaufen und Stechen.
Neigung zu Ekchymosen.

6. Verdauungsapparat:

Gerötete Mundschleimhaut mit weißlichen Flecken und leichtem Zahnfleischbluten.

Zungengrund gelb-braun, kleine Wärzchen an den Rändern, deutlicher Zahnabdruck.

Zähne schmerzhaft, hauptsächlich die Schneidezähne und der obere rechte Eckzahn, mit Ausstrahlung zur rechten Oberkieferhöhle.

Krampfartige epigastrische und periumbilicale Schmerzen mit Tympanismus des Leibes.

Verstopfung, ohne Drang.

7. Urogenitalapparat:

Beidseitige Nierenschmerzen, die zur Lumbosacralgegend hin ausstrahlen.
Urin spärlich, eiweißhaltig; Ödeme.
Menses verspätet und wenig reichlich.
Gelbe oder weißliche Leukorrhoe, nicht reizend.

8. Bewegungsorgane:

Gelenkschmerzen mit Ödemen, Verschlimmerung durch Bewegung.
Muskelschmerzen mit Ermüdung durch kleinste Bewegung.
Lumbalschmerzen.

9. Haut:

Heiße oder kalte Schweiße, fader Geruch.
Furunkel, hauptsächlich im Gesicht mit Ödemen.
Ekzeme, die eine klare Flüssigkeit ausscheiden.
Warzen.

10. Modalitäten:

Verschlimmerung: Durch feuchte Kälte, durch Bewegung, um 4 Uhr.
Besserung: Durch Ruhe, durch warme, trockene Witterung.
Alle Symptome treten rechts häufiger auf.

Positive Diagnostik:

Asthenie, Frösteligkeit, subfebriler Zustand.
Blitzartige Schmerzen.
Verschlimmerung durch feuchte Kälte und um 4 Uhr.
Trockener Husten; asthmaartige Dyspnoe.
Albuminurie mit Ödemen.
Ekzeme und Furunkel.
Zahnschmerzen mit aphthösem Mund, Gingivitis und brauner Zunge.
Gelenk- und Muskelschmerzen.

Differentialdiagnostik:

Medorrhinum: vgl. entspr. Abschnitt.

Silicea: Frösteligkeit, reizbar, fixe Ideen (Nadeln); Verstopfung; Stühle, die bei der Entleerung wieder ins Rectum zurückschlüpfen.

Thuja: Folgezustände noch Gonorrhoe oder Impfungen; schlechte Laune, fixe Ideen, Aufwachen um 4 Uhr; Gefühl, als sei etwas Lebendiges im Bauche; klebrige Haut, Varicenbildung an den Nasenflügeln.

Klinische Diagnostik:

Chronische Reticulo-Endotheliose.
Ekzeme – Furunkel – Urticaria.
Asthma.
Nephritis albuminurica.
Lipoidnephrose.
Polyarthritis im Anfangsstadium.
Warzen – Condylome – gutartige Geschwülste.
Hypomenorrhoe.

Potenzen:

D 15 – D 20.

Pertussinum

H e r k u n f t : Es handelt sich um ein Bakteriolysat, das ohne Zusatz eines Antisepticums hergestellt wird aus dem Auswurf von Patienten, die an Keuchhusten erkrankt und noch unbehandelt sind.

Pathogenese:

Diese Nosode wurde im Jahre 1906 von J. H. CLARKE eingeführt. COLLET berichtete jedoch schon vorher in seinem Buch über die Isopathie [1898] über Heilungen von Keuchhusten mit der alkoholischen 6. Centesimal-Potenz von Keuchhustensekret.

Es besteht keine pathogenetische Arzneimittelprüfung.

Positive Diagnostik:

a) Unruhe, Schreien, Weinen, Beklemmung.
b) Atmung beschleunigt.
c) Spasmodische Hustenattacken mit Auswurf von Schleim.
d) Gesichtscyanose.
e) Allgemeine Konvulsionen.

Differentialdiagnostik:

Cuprum: Trockener, spasmodischer Husten mit Erstickungsgefühl und Gesichtscyanose, gebessert durch Trinken kalten Wassers. Muskelzucken und Neigung zu Ohnmachtsanfällen.

Drosera: Trockenheit des Schlundes; trockener, bellender Husten, schlimmer nach Mitternacht mit plötzlichen, häufigen Anfällen.

Hyoscyamus: Spasmodischer, trockener, zerreißender, unaufhörlicher Husten mit Kitzel im Hals. Verschlimmerung in kalter Luft und beim Schlafengehen, Besserung im Sitzen. Abwechselnd Erschöpfung und Erregung. Unruhiger Schlaf mit schreckhaften Träumen.

Ferner sind noch zu erwähnen: *Ant. tart., Bell., Carbo veg., Cocc. cacti, Corr. rubr., Ipec., Kal. bichr., Kal. carb., Meph., Puls., Sulf.*

Klinische Diagnostik:

a) Keuchhusten.
b) Subglottische Laryngitis (Pseudocroup). Spasmodische Laryngitis.
c) Asthma.
d) Hustenanfälle bei Tuberkulösen und Bronchitikern.
e) Konvulsionen. Epilepsie. Encephalopathie mit Schwachsinn.

Potenzen:

D 8 – D 10 – D 15 – D 20.

Anmerkungen:

Pertussinum hat sich in der Praxis als wirksame Nosode erwiesen.

Für Keuchhusten kann man folgendes Behandlungsschema angeben: Um 21 Uhr gibt man eine Gabe *Dros.* D 15 am 1. Abend, *Pertussinum* D 15 am 2. Abend, *Cupr.* D 15 am 3. Abend, *Hyos.* D 15 am 4. Abend und *Pertussinum* D 20 am 5. Abend.

Tagsüber gibt man dem jeweiligen Symptomenbild entsprechend eine Drainagebehandlung, z. B. die folgende:

Stündlich im Wechsel je 8 Tropfen *Ipec.* D 8, *Dros.* D 8, *Corr. rubr.* D 3 und dann 8 Tropfen *Cupr. acet.* D 4.

Mit diesem Vorgehen kann man eine Heilung der Krankheit innerhalb 8–10 Tagen, zumindest innerhalb 14 Tagen erreichen. Ich kann das auf Grund meiner langjährigen Praxis nur bestätigen. Es können natürlich besondere klinische Fälle oder ein besonderer Genius epidemicus auftreten und dann muß man das passende Simillimum zu finden trachten. Jedoch wird sich das oben angegebene Behandlungsschema kaum verändern. Gegen Ende eines Keuchhustens denken wir an *Aviaire.* Wenn sich jedoch der Keuchhusten in den ersten 3–4 Tagen nicht bessern will, dann muß man *Pertussinum* D 15 geben, 1 Dosis tgl.

Bei Asthma mit Hustenattacken leistet *Pertussinum* ebenfalls gute Dienste, u. zw. kombiniert mit *Cupr.* und *Astragalus.*

Auch bei neurologischen Kinderkrankheiten kann *Pertussinum* helfen, z. B. bei Konvulsionen, Tetanie, Epilepsie, Schwachsinn, besonders wenn die Störungen im Gefolge eines Keuchhustens auftreten oder wenn sich diese Krankheit in der Anamnese findet.

Pollen

Herkunft: Dilutionen aus Ambrosia-Pollen.

Wurde von FORTIER-BERNOVILLE (Paris), besonders aber auch von CHAVANON (Paris) in der C 4000 (K) angewandt.

Potenzen:

D 20 – D 30 – D 60.

Indikationen:

Sehr wirksame Nosode bei spasmodischem Schnupfen und Heuschnupfen.

Psorinum

Herkunft: *Psorinum* wird hergestellt aus den Hautaffektionen der unbehandelten Krätze, u. zw. aus dem sero-purulenten Inhalt der Krätzebläschen, welche durch die Milbenart Sarkoptes scabiei als Entzündungsreaktion hervorgerufen werden.

Diese serösen Tröpfchen zeigen bei mikroskopischer Untersuchung das Vorhandensein von zahlreichen veränderten polynucleären Leukocyten, von einigen Blutkörperchen sowie von beweglichen und unbeweglichen pathogenen Keimen vorwiegend grampositiver Art.

1833/34 stellte HERING das erste Präparat her und machte eine Arzneimittelprüfung mit der 30. Dilution, wobei ca. 430 Symptome notiert wurden. HAHNEMANN wurde von den Versuchen unterrichtet und *Psorinum* wurde als erstes biotherapeutisches Mittel in die Materia Medica eingeführt.

Pathogenese:

1. Allgemeine Symptomatologie:

Man kann diese Nosode ohne weiteres als ein Sulfur-Mittel charakterisieren und mit KENT sagen: „Wenn jemand ein abstoßendes Äußeres hat und übel riecht, benötigt er *Psorinum.*"

Der Psorinum-Typ verrät ausgeprägte psychosomatische Reaktionen, er ist abnorm empfindlich gegen Kälte, leidet unter deutlicher Behinderung seiner physiologischen Funktionen und hat eine übelriechende, abstoßende Hautausdünstung. Er ist hypotonisch, traurig, verzweifelt, mager oder abgezehrt, hat eine zerknitterte Haut, sieht immer schmutzig aus und scheut sich vor Wasser und Luftzug. Das ist der Mann, der seinen Hut nicht lüpfen mag. Er ist ständig erkältet, pessimistisch und verzweifelt. Dr. LEFORT[1]) hat in einem kleinen Gedicht von Maurice DONNAY das Porträt unseres Psorinum-Kranken gefunden:

Il était laid et maigrelet
Ayant sucé le maigre lait
D'une nourrice pessimiste
Et c'était un nourrisson triste.

---

1) LEFORT: Die Mentalität von Psorinum (Vortrag gehalten bei der „Fédération Nationale des Sociétés Homéopathiques de France" und der „Union Française" am 1. 5. 1955).

Quand il mourut d'un eczéma
Il exigea qu'on le crêmat
Et sur son urne un symboliste
Ecrivit ces mots «Il fut triste».

Er war häßlich und kümmerlich,
Denn er trank stets nur Magermilch
Von einer Amme, die pessimistisch war.
So blieb er ein trauriger Säugling immerdar.

Zum Schluß starb er an einem Ekzem.
Er wollte, daß man ihn verbrenne.
Ein Symbolist auf seine Urne schrieb
Die Worte: „Hier liegt ein trauriger Typ".

Alles reizt ihn, er wird mürrisch, springt beim leisesten Geräusch hoch, zieht die Einsamkeit vor und erschrickt vor der Zukunft, denn er befürchtet von vornherein, daß alles, was er unternimmt, zum Scheitern verurteilt sei.

Diese Unruhe, diese innerliche Kälte lassen ihn an das Vorhandensein äußerer Kälte glauben, selbst bei heißem Wetter ist er fröstelig, er zieht mehrere Wollwesten an und schaudert beim geringsten Luftzug.

Fixe oder bizarre Ideen; Gedächtnisschwund; benötigt einige Zeit, um zu erkennen, wo er sich befindet; Verlust der Arbeitskraft, erhebliche Schwäche; verzweifelt wegen seiner Krankheit und glaubt, er würde sich niemals erholen. Allgemeine Schwäche, Frösteligkeit, Juckreiz, schlechter Körpergeruch, stinkende Hautausschläge, profuser Schweiß; trockene, schmutzige, runzelige Haut; Mangel an Abwehrkraft und an Krankheitsreaktionen. – All das charakterisiert den Psorinum-Typ.

2. Psyche und Nervensystem:

a) Psyche:

Trauriger, ängstlicher, verzweifelter Typ.
Gedächtnisschwund.
Melancholie, moralische Depression, sieht alles schwarz, hat Angst vor allem.
Misanthrop mit Minderwertigkeitskomplexen.

b) Nervensystem:

Migräne – Kopf empfindlich gegen Kälte, Occipital- oder Stirnkopfschmerzen, häufig begleitet von Heißhunger, Besserung beim Essen. Wichtig zu merken: Fühlt sich am Abend vor der Migräne immer besser.

Periodische Migräneanfälle, verschlimmert durch Luftzug, gebessert durch Essen und durch Bedecken des Kopfes.

Migränen nach unterdrückten Hautausschlägen oder Menstruationen, gebessert durch Nasenbluten.

Schlaflosigkeit durch starken Pruritus und Hyperhidrosis. Nächtlicher Heißhunger; muß mitten in der Nacht aufstehen, um zu essen.

Kopfkongestion nach dem Essen.
Hartnäckige Neuralgien.
Enuresis bei Vollmond.
Angstträume: von Schrecken, von Gefahren, von Dieben, von Bettbeschmutzung durch Stuhlabgang.
Nächtliche Ängste bei Kindern, die die ganze Nacht hindurch schreien.

3. Augen:

Photophobie: Der Kranke hält den Kopf im Kopfkissen vergraben.
Funken vor den Augen; Gefühl, als ob die Augen zittern würden. Muß die Augen geschlossen oder halbgeschlossen halten.
Blepharitis: Rötung der Lidränder, die zusammenkleben.
Wiederholte Ophthalmie.
Rezidivierendes Pterygium.

4. Ohren:

Chronische Otitis mit Ausfluß von gelblich-bräunlichem, stinkendem Eiter, sich jahrelang hinziehend.
Schorfiges Ekzem hinter den Ohrmuscheln mit stinkender Absonderung.

5. Atmungsorgane:

a) Nase:
Chronischer Schnupfen mit Nasenverstopfung und retro-nasalem Ausfluß.
Anosmie.
Adenoide Gewächse.
Heuschnupfen, jedes Jahr zur selben Zeit, am selben Monatsdatum wieder auftretend; vorher Asthma und Ekzeme.

b) Hals:
Wiederholte Anginen.
Hypertrophie der Mandeln mit Ohrenschmerzen beim Schlucken.
Am Gaumensegel klebender Schleim, beständiger Räusperzwang. Auswurf käsiger Massen von schlechtem Geschmack und Geruch.

c) Bronchien–Lungen:
Trockener Husten, hauptsächlich im Winter, mit mühsamem Auswurf von gelb-grünlichem Schleim mit salzigem Geschmack.
Dyspnoe mit einem Gefühl retrosternaler Geschwürsbildung.
Asthma, schlimmer bei Kälte und im Winter, gebessert bei flacher Lage mit vom Körper entfernten Armen.

Asthma und Ekzem wechseln miteinander ab, ohne daß die eine oder die andere Krankheit ganz verschwindet.

6. Kreislauf:

Herzschwäche.

Hypotonie.

Der Kranke ist geschwächt; leidet nach einem kurzen Spaziergang gleich an Atemnot (Kent). Verschlimmerung in frischer Luft. Kann im Stehen nicht durchatmen. Benötigt horizontale Ruhelage. Verschlimmerung im Sitzen oder Stehen. Myocarditis mit Schwäche, cyanotischem Gesicht, glasigem Aussehen, rapidem irregulärem Puls (Kent). Hauchendes Mitralgeräusch. Rheumatische Pericarditis.

7. Verdauungsapparat:

Trockene Lippen, geschwollene Oberlippe.

Paradentose. Pyorrhoe.

Zähne locker, Neigung zum Ausfallen. Zahnfleisch geschwollen, bläulich, leicht blutend.

Stomatitis. Aphthen.

Süßlicher Geschmack nach Zucker mit stinkendem Atem.

Heißhunger: Muß nachts aufstehen, um zu essen.

Saures Aufstoßen, mit Geschmack und Geruch von verfaulten Eiern.

Abneigung gegen Schweinefleisch.

Hämatemesis (Kent).

Stechende Milzschmerzen.

Diarrhoe mit heftigem Stuhldrang; putride Stühle, dunkelgefärbt, spritzend und furchtbar stinkend.

Unfreiwilliger Stuhlabgang nachts.

Verstopfung infolge Rectumatonie; einen weichen Stuhl zu erzielen, erfordert große Anstrengung.

Auftreibung des Abdomens, Gasabgang mit Geruch nach verfaulten Eiern und schmerzhaftem Gefühl von Afterbrennen.

8. Urogenitalapparat:

Nächtliche Urininkontinenz, schlimmer bei Vollmond.

Blasenatonie; die Blase entleert sich nur langsam oder nur teilweise.

Uriniert nicht bis zu Ende.

Chronischer, schmerzloser, bisweilen stinkender Ausfluß von Prostatasekret aus der Urethra, der die Wäsche gelb färbt. Starke Leukorrhoe mit koagulierten Stücken, die sehr schlecht, fast verwest riechen, begleitet von Kreuzbeinschmerzen und Schwäche.

Schlechter Geruch, meistens der Genitalien, manchmal auch des ganzen Körpers, trotz äußerster Sauberkeit.

Impotenz mit herabgesetzter Erektionsfähigkeit bzw. fehlenden Erektionen; Abneigung gegen das andere Geschlecht.

Frigidität mit Depressionen und Apathie während den Menses, die unregelmäßig und spärlich sind. Schmerzhafte Brüste mit gereizten, geröteten, juckenden Brustwarzen.

9. Bewegungsorgane:

Allgemeine Schwäche; Rückenschwäche, Gelenkschwäche.

Neigung zu Verstauchungen.

Beim Erwachsenen knickt ein Bein plötzlich um; Kinder fallen ohne Ursache hin.

Linkes Bein und linker Fuß kälter als rechts.

Fußschweiß. Händezittern.

10. Haut:

Schmutzige, nässende, fettige Haut mit persistentem, schlechtem, aashaftem Geruch.

Blaues Gesicht; Seborrhoe; trockene, verklebte, sich verfilzende Haare, die ständig gekämmt werden müssen.

Polymorphe Hautausschläge, Pusteln, Bläschen, Papeln mit übelriechendem Nässen und Krustenbildung, begleitet von heftigem Jucken, das sich bei Bettwärme verschlimmert.

Die Hautausschläge treten vor allem im Winter auf.

Hautausschläge an den Ohren, in den Gelenkfalten und am Nagelbett. Die Nägel brechen ab.

11. Fieber:

Intermittierendes Fieber, nach Erkältung, mit klebrigem, schmutzigem, übelriechendem Schweiß.

12. Modalitäten:

Verschlimmerung: Durch Kälte, im Winter; durch Druck, durch Gehen; durch Wetterwechsel; durch Unterdrückung von Ausfluß oder Hautausschlägen; durch Kaffee.

B e s s e r u n g : Durch Wärme, beim Hinlegen mit flachgelagertem Kopf, beim Essen.

Positive Diagnostik:

a) Trauriger Typ mit Minderwertigkeitskomplexen.

b) Mangel an organischem Reaktionsvermögen, fröstelig, empfindlich gegen Kälte, hochgradige Schwäche, Heißhunger.

c) Allgemeiner schlechter Geruch, stinkende Schweiße, juckende Hautausschläge. Verschlimmerung durch Kälte; der Juckreiz wird jedoch durch Wärme verschlimmert.

d) Alternierende Krankheiten. Wohlbefinden am Vorabend einer krankhaften Krise.

Differentialdiagnostik:

Arsenicum: Ängstlichkeit, Unruhe, hauptsächlich von 1–3 Uhr, Furcht vor dem Tode, brennende Schmerzen, schuppende Hautausschläge.

Hepar sulf.: Verschlimmerung durch Kälte. Drüsenverschleimung. Eiterungen. Verdrießlich, mürrisch. Schweiße, die nach altem Käse riechen.

Petroleum: Verschlimmerung im Winter, durch Fortbewegung (im Auto, im Zug, Schiff, Flugzeug). Diarrhoe tagsüber. Trockene Haut mit Rissen und nässenden Hautausschlägen, aber weniger juckend als bei *Psorinum.* Ständige Feuchtigkeit der Genitalien mit riechenden Schweißen.

Silicea: Hypersensibilität gegen Kälte. Neigung zu Eiterungen. Physische und psychische Asthenie. Chronische Kopfschmerzen. Blasse, wächserne Haut. Starke Kopf- und Fußschweiße.

Sulfur: Ist das am nächsten verwandte Mittel hinsichtlich folgender Punkte: Ausscheidungen, Hautbrennen, pruriginöse Hautausschläge, Schwäche um 11 Uhr, alternierende Krankheiten, Chronizität.

Thuja: Schlechte Laune, Traurigkeit, fixe Ideen, morgendliche Diarrhoe, Schwäche der Gliedmaßen, klebriger Schweiß mit Geruch nach Lauchsuppe.

Tuberculinum: Reizbar mit wechselnden, veränderlichen, herumziehenden Schmerzen; Abmagerung, morgendliche Diarrhoe, Schwitzen bei der geringsten Anstrengung.
„Wenn *Psorinum* nicht wirkt, verschreiben Sie *Tuberculinum* oder *Bacillinum*" sagte Kent.

Klinische Diagnostik:

1. Allgemeines:
Mangelhafte organische Irritabilität.
Alternierende Erkrankungen.
Arthritische, tuberkulinische Zustände.
Luetische und krebsartige Zustände.
Hypothyreoidose.
Lange bzw. verschleppte Rekonvaleszenz.
Demineralisation (skrofulöse Kinder).
Alterserscheinungen.

2. Psyche und Nervensystem:

a) Psyche:
Psychasthenie.
Melancholie.
Katatonische Zustände.

b) Nerven:
Migräne.
Hartnäckige Neuralgien.

3. Augen und Ohren:
Blepharitis, Conjunctivitis. Ektropium.
Photophobie. Chronische Ophthalmie.
Chronische stinkende Otorrhoe.

4. Atmungsorgane:

a) Nase:
Chronischer Schnupfen.
Heuschnupfen.
Adenoide Wucherungen.

b) Bronchien – Lungen:
Asthma bronchiale.
Bronchiektasien.
Chronischer Husten im Winter.

5. Kreislauf:
Hypotonie.

6. Verdauungsapparat:
Bloßliegen der Zahnhälse.
Aphthen. Stomatitis und Pharyngitis.
Schwangerschaftserbrechen.

Heißhunger.
Athrepsie. Cholera infantum. Diarrhoe. Atonische Obstipation.

7. Urogenitalapparat:
Bettnässen.
Chronische Urethritis. Blasenlähmung.
Metritis und Cervicitis.
Verlust der Libido.

8. Bewegungsorgane:
Rezidivierende Luxationen.
Wiederholte Verstauchungen.
Chronischer Rheumatismus.

9. Haut:
Chronische Hautausschläge aller Art.
Impetigo. Ekzem. Psoriasis. Furunkel. Chronische Geschwüre.
Akne. Seborrhoe.
Chronisches Ekzem der Kopfhaut.

Potenzen:

D 8 – D 10 – D 15 – D 20 – D 30 – D 60.

Anmerkungen:

Psorinum steht zwischen *Sulfur* und *Thuja* und ergänzt *Tuberculinum;* seine Wirkung ist jedoch langsam, unregelmäßig, von Zufällen abhängig.

Wahrscheinlich spielt bei der klinischen Wirkung die Grundsubstanz der Präparate eine sehr wichtige Rolle. Jedoch ist seine Wirkung in jeder Hinsicht unzuverlässiger als bei *Luesinum* oder *Tuberculinum.*

Psorinum steht an der Spitze der Mittel für jene Zustände, die wir als Psora zu bezeichnen pflegen.

Hahnemann schreibt in seinen „Chronischen Krankheiten", daß nicht lediglich eine Nosode in Frage komme, sondern eine ganze Reihe von Mitteln, die entsprechend der detaillierten Beschreibung der Psora angezeigt sind und daher erwähnt werden müssen.

Wir wollen nur folgende Mittel ins Gedächtnis zurückrufen: *Acid nitr.; Amm. carb.; Baryta carb.; Calc. carb.; Carbo an.; Carbo veg.; Caust.; Con.; Graph.; Jod.; Kal. carb.; Lyc.; Magn.; Magn. mur.; Natr. carb.; Natr. mur.; Petr.; Phos.; Sep.; Sil.; Sulf.; Zinc.*

Wir müssen also *Psorinum* auf seinen Platz verweisen. Es ist eine Nosode mit Tiefenwirkung, benötigt jedoch die Unterstützung anderer antipsorischer Mittel der Materia Medica.

Pyrogenium

H e r k u n f t : Diese Nosode wurde 1888 von DRYSDALE eingeführt. Es handelt sich um einen wäßrigen Extrakt aus Rindfleisch, der durch wiederholtes Präcipitieren mit Alkohol gereinigt ist.

Das heute gebräuchliche *Pyrogenium* ist das direkte Autolysat einer Mischung von Rindfleisch, Schweinefleisch und menschlicher Placenta (ohne Hinzufügung von Wasser, 3 Wochen Zimmertemperatur). Das durch Zentrifugieren gewonnene flüssige Autolysat ist sehr konzentriert. Die Analyse zeigt einen Gesamtstickstoffgehalt von 7–9 g im Liter, die Elektrophorese 70% Gamma-Globuline und die Papierchromatographie endlich zeigt außerdem einige Aminosäuren und Ptomain-Diamine.

Pathogenese:

1. Allgemeine Symptomatologie:

A l l g e m e i n e r infektiöser Zustand mit Divergenz von Temperatur und Puls.

Es handelt sich um einen Kranken mit mehr oder weniger stark ausgeprägter Erschöpfung, begleitet von Herzbeklemmung und Unruhe. Die Exkrete stinken. Putrider, kadaverartiger Geruch des Körpers, des Atems, der Schweiße und der Ausscheidungen.

Gesicht blaß; Augen von blauen Ringen umgeben; brennende Wangen; zitternde, zuckende Nasenflügel.

Es besteht außerdem eine l o k a l e Neigung zu Eiterung und Lymphangitis.

2. Psyche und Nervensystem:

Erschöpfung mit Unruhe: Das Bett erscheint zu hart, der Kranke muß sich ständig bewegen, um die schmerzenden Stellen zu entlasten.

Der Kranke glaubt, seine Persönlichkeit verändere sich, wenn er sich im Bett von einer Seite auf die andere dreht. Er täuscht sich über die Lokalisierung einzelner Körperteile.

Geschwätzigkeit. – Der Kranke redet übermäßig viel und befindet sich in einem Zustand geistiger Überreizung.

Unruhiger Schlaf mit Angstträumen. Erstickungsgefühl während des Schlafes. Der Kranke schreit im Schlaf auf infolge Brustbeklemmung.

Heftiger Blutandrang zum Kopf mit Klopfen in den Schläfen, gebessert durch Druck.

Drückende Kopfschmerzen; Schmerzen in den Augäpfeln und in der Hinterhauptgegend, verschlimmert durch Husten.

Gefäßklopfen im Kopf und in den Ohren.

3. Atmungsorgane:

Husten mit reichlichem Auswurf stinkenden Schleimes.

Husten schlimmer durch Bewegung und im warmen Zimmer.

Geschmack nach Eiter beim Husten.

Schmerzen in den Brustseiten, verschlimmert durch Bewegung, gebessert beim Liegen auf der schmerzhaften Seite.

4. Kreislauf:

Herzschwäche mit Herzklopfen und Klopfen in den Ohren.

Wird sich des Vorhandenseins eines Herzens bewußt.

Puls schnell, klein, fadenförmig, nicht in Übereinstimmung mit der Temperatur.

5. Verdauungsapparat:

Zunge rot wie lackiert, trocken.

Fötider Geschmack im Mund. Die Zähne weisen einen schmutzigen gelblichen Belag auf. Starker Durst nach frischem Wasser, das der Kranke aber wieder ausbricht, sobald es im Magen warm geworden ist. Dagegen behält der Kranke warmes Wasser bei sich, weil es die Übelkeit dämpft.

Wiederholtes Erbrechen einer bräunlichen Flüssigkeit, die wie Kaffeesatz oder kotartig aussieht, mit Magendarmlähmung.

Stinkende Diarrhoe. Braune oder schwarze Stühle mit unwillkürlichem Abgang von Winden. Oder Verstopfung infolge Darmatonie mit trockenen, schwarzen, aashaft stinkenden Stühlen.

Abdomen gespannt, aufgetrieben, empfindlich und schmerzhaft.

6. Urogenitalapparat:

Urin spärlich, dunkel gefärbt. Albuminurie mit Zylindern.

Blasentenesmen.

Stinkende, braune Lochien mit Frösteln, Fieber und reichlichem Schweiß.

Stinkendes Menstrualblut. Fieberhafte Menses.
Uterushämorrhagien mit schwärzlichem, stinkendem Blut.

7. Bewegungsorgane:

Zerschlagenheitsgefühl im ganzen Körper.
Gefühl von Zerschlagenheit oder Zerbrochensein in den Knochen. Einschlafen der Glieder.
Ständiger Bewegungszwang; das Bett erscheint hart.

8. Haut:

Haut kalt, livide, mit reichlichem, kaltem, klebrigem, stinkendem Schweiß bedeckt.
Hartnäckige, stinkende Ulcera varicosa bei alten Leuten.
Periodisches Frösteln gegen 19 Uhr.

9. Modalitäten:

Besserung: Durch warme Anwendungen, durch ein warmes Bad, durch warme Getränke, in einem warmen Raum.
Durch Bewegung, hauptsächlich anfangs, durch Strecken, durch Lagewechsel.
Verschlimmerung: Durch Bewegung, durch Berühren.

Positive Diagnostik:

a) Erschöpfung, Unruhe.
b) Divergenz von Puls und Temperatur.
c) Stinkende Ausscheidungen.

Differentialdiagnostik:

Acidum carbolicum: Erschöpfung mit Gesichtsblässe, brennende Schmerzen plötzlich kommend und verschwindend, stinkender Speichel, kalte Schweiße, Bläschenausschläge.

Anthracinum: vgl. den entspr. Abschnitt.

Arnica: Rotes Gesicht. Gefühl von beginnendem Schmerz mit Stupor.

Arsenicum: Beklemmung von 1–3 Uhr, blaß, unruhig, Durst auf kleine Mengen Eiswassers, Erbrechen und Diarrhoe, brennende Schmerzen.

Baptisia: Unruhe. Denkt, er wäre doppelt. Muskelsteifheit. Stinkender Geruch des Atems, der Stühle. Livide Flecken auf dem Körper und den Gliedmaßen.

Bothrops: Gangränöse Geschwüre; Phlebitis mit Thrombose; Hämorrhagien von schwarzem Blut.

Crotalus: Infektionen mit Neigung zu Hämorrhagien.

Echinacea: Adynamischer Zustand mit Kopfkongestion. Frösteln mit Unwohlsein; trockene Zunge; Hautkrankheiten mit schwerem Allgemeinzustand.

Hepar sulf.: Überempfindlichkeit gegen Kälte und Schmerzen. Drüsenanschwellung und Hautausschläge mit Neigung zur Vereiterung.

Lachesis: Bläuliche Verfärbung der Gewebe, Empfindlichkeit bei Berührung, spontane Ekchymosen, Unverträglichkeit der geringsten Einschnürung, Geschwätzigkeit.

Mercurius sol.: Schwäche, Zittern, metallischer Geschmack; Eiterungen mit dickem gelb-grünlichem Sekret.

Rhus tox.: Unruhe; muß die Lage wechseln, um die Schmerzen zu erleichtern; trockene Zunge mit gerötetem Dreieck an der Spitze; Gefühl von Zerschlagenheit in der Lendengegend und in den Gliedern; brennende, juckende Bläschenausschläge.

Staphylococcinum: vgl. den entspr. Abschnitt.

Streptococcinum: vgl. den entspr. Abschnitt.

Klinische Diagnostik:

1. Allgemeines:
   Septicämie. – Pyämie.
   Intoxikationen mit Ptomainen.
   Infektiöse Grippe mit gastrointestinalen Komplikationen.
   Toxikose der Säuglinge.
   Cavernöse Tuberkulose.
   Mastoiditis.

2. Nervensystem:
   Meningitis. – Encephalitis.

3. Atmungsorgane:
   Rachenphlegmone.
   Empyem.
   Lungenabsceß und Lungengangrän.

4. Verdauungsapparat:
   Abdominaltyphus.
   Infektiöse Enteritis.
   Säuglingscholera.
   Septische Appendicitis.
   Analfisteln.
   Subphrenischer Absceß.
   Leberabsceß.
   Akute Cholecystitis.

5. Urogenitalapparat:
   Akute Nephritis albuminurica.
   Wochenbettfieber.
   Hämorrhagien des Uterus (nach Versagen von *Ipec.*).
   Perinephritischer Absceß.
   Brustabsceß.

6. Haut:
   Schorfbildungen bei Decubitus.
   Phlegmonen. Abscesse.
   Stichwunden.
   Furunkel. – Anthrax.
   Panaritium.

Potenzen:

D 10 – D 15 – D 20.

Anmerkungen:

Wenn *Pyrogenium* wirken soll, muß es frühzeitig verschrieben werden. Es kann dann einen Stillstand bzw. einen Rückgang von eiternden oder phlegmonösen Prozessen bewirken. CHAVANON (Paris) besteht mit Recht auf einer frühzeitigen, möglichst prophylaktischen Anwendung von *Pyrogenium.*

CHAVANON hat übrigens im Jahre 1955 eine ganz ähnliche Nosode hergestellt, das *Putrescinum* D 15. Die Indikationen sind die gleichen wie bei *Pyrogenium.*

Auf *Pyrogenium* folgt gut *Hep. sulf.*

Pyrogenium ist ein nützliches Biotherapeuticum; es ist jedoch nur begrenzt wirksam, wenn es allein angewandt wird. Klinisch gesehen ist seine Wirkung viel deutlicher, wenn man es in Verbindung mit *Anthracinum* oder *Merc. sol.* oder *Hep. sulf.* gebraucht.

Scarlatinum

H e r k u n f t : Hautschuppen eines Scharlachkranken.

Potenzen:

D 10 – D 15.

Indikationen:

Störungen nach Scharlach, z. B.: Asthenie, rheumatische Schmerzen, nephritische Syndrome.

Spengler

Herkunft: Es handelt sich um Immunkörper nach SPENGLER, die aus dem Blut von immunisierten Kaninchen gewonnen werden.

Pathogenese:

Genaugenommen besteht noch keine Arzneiprüfung.

Positive Diagnostik:

a) Gesichtsblässe, blasse Haut und Schleimhäute.
b) Temperaturerhöhung vor den Menses.
c) Starke Ermüdung.

Differentialdiagnostik:

Ferrum met.: Anämie, langsame Verdauung, Fieberstöße mit wechselnder Rötung und Blässe.

Ferrum phos.: Kongestives Kopfweh, Nasenbluten, trockener schmerzhafter Husten, Fieber mit kongestiven Schüben in Lungen, Eingeweiden, Gelenken, Ohren.

Kalium carb.: Ermüdung, langsame Verdauung, Wasserretention, Schwellung am inneren, oberen Augenwinkel.

Natrium mur.: Abmagerung, Anämie, Kopfschmerzen, Medianfissur der Unterlippe, Verlangen nach Salz, Empfindlichkeit gegen Kälte.

Klinische Diagnostik:

Tuberkulinische Zustände.
Tuberkulose im Anfangsstadium.
Anämie.
Prämenstruelles Fieber.

Potenzen:

D 10 – D 15 – D 20.

Staphylococcinum

Herkunft: Bakteriolysat, das ohne antiseptische Zusätze aus Kulturen einer Mischung mehrerer Staphylokokken-Stämme gewonnen wird.

Pathogenese:

Homöopathische Arzneimittelprüfungen liegen noch nicht vor.

Klinische Indikationen:

a) Furunkel. Impetigo.
b) Osteomyelitis. Anthrax. Panaritium.
c) Perinephritische Phlegmone.
d) Bösartige Staphylokokkeninfektionen im Gesicht.
e) Thrombophlebitiden.

Potenzen:

D 15 – D 20.

Staphylotoxinum

H e r k u n f t : Wird aus dem Staphylokokken-Anatoxin der Pharmakopoe hergestellt.

Potenzen:

D 15 – D 20.

Indikationen:

Die gleichen wie für Staphylococcinum.
ferner: Hämophilie.
Purpura.
Konvulsionen.
Kontrakturen.

Streptococcinum

Herkunft: *Streptococcinum* wird aus einem Mikrobenlysat hergestellt, das aus 2 Streptokokken-Stämmen gewonnen wird: dem Streptococcus pyogenes (Rosenbach) und dem Streptococcus Marcy 433 bzw. 434.

Man findet in diesen Stämmen eine bestimmte Anzahl von Proteinen: ein antigenes Nucleoproteid, die sog. „Substanz P"; ein Protein von spezifischem antigenem Typ, die sog. „Substanz M"; und endlich eine „Substanz T", die chemisch noch nicht identifiziert ist. Ferner 2 Polyoside: Die nicht-antigene „Substanz C" und ein anderes Polyosid auf Hyaluronsäure-Basis.

Das so hergestellte Präparat muß auf Identität, Nicht-Giftigkeit und Sterilität getestet werden.

Pathogenese:

F. Sevaux und A. Emar (Paris) haben sie im Jahre 1958 aufgestellt.

1. Allgemeine Symptomatologie:

Intoleranz gegen Lärm, Licht, Luftzug.
Weint ohne Grund, hält sich für unheilbar, lehnt das Mitleid anderer ab.
Krebsangst.
Unterwürfigkeit.
Gefühl von Vibrieren in der Wirbelsäule, im ausgestreckt liegenden Körper, in den Beinen beim Aufstampfen mit den Füßen.

2. Nervensystem:

Heftige Kopfschmerzen; Gefühl, als ob der Kopf platze.
Schwindel beim Aufstehen und Hinlegen.
Sensorische Störungen: Gehörshalluzinationen (hört Hilferufe), Visionen (sieht das Zimmer voller Fliegen), fürchtet irrsinnig zu werden.

Alpdrücken, träumt von Streitigkeiten.
Encephalitis, Tics. Choreiformes Syndrom.
Epileptiforme Anfälle.

3. Augen:

Sehschwäche, muß eine Brille tragen.
Sehstörungen mit Hypertension der Augen.

4. Ohren:

Intermittierendes Rauschen im rechten Ohr.
Otalgie beim Liegen auf der linken Seite.

5. Kreislauf:

Gefühl von Herzschwäche.

Endomyocarditis bei akutem Gelenkrheumatismus. Pericarditis, Herzklappenerkrankungen; die ganze Herzinnenhaut kann betroffen sein.

Das Elektrokardiogramm ist typisch für Coronarinsuffizienz; es zeigt u. a. teilweisen rechtsseitigen Block, Verlängerung der P-R-Strecke (ein sehr frühzeitiges Anzeichen des akuten Gelenkrheumatismus), Abflachung der T-Welle, Erhöhung oder Senkung der S-T-Strecke usw. Es scheint sich aber mehr um anämisch bedingte anginoide Zustände zu handeln als um eine echte Angina pectoris mit Hypercholesterinämie (F. Sevaux).

Präcordiale Krämpfe und Schmerzen an der Herzspitze.

6. Verdauungsapparat:

Gefühl salziger Lippen.

Zunge weiß belegt mit roter Spitze, kann sich von vorne nach hinten abschälen.

Schmerzhaftes Zahnfleisch. Alveoläre Pyorrhoe.

Brechreiz mit Schwindel und Erbrechen grünlicher Galle.

Plötzlich auftretende Schmerzen der Speiseröhre nach den Mahlzeiten mit Ausstrahlung zum Rücken.

Beim Liegen kann er das Gewicht der Hände auf dem Leib nicht vertragen.

Dumpfe Schmerzen im Epigastrium.

7. Bewegungsorgane:

Heftige Schmerzen im Schlüsselbein.
Gelenkschmerzen mit Hydrarthrose.
Schmerzen der Wirbelsäule.

8. Haut:

Haarausfall am Kopf.
Scharlachartige Erytheme mit Exkoriationen.

Positive Diagnostik:

a) Intoleranz gegen Lärm, Licht, Luftzug.
b) Heftige Kopfschmerzen und Verstimmung mit Weinen und Halluzinationen von Gesicht und Gehör.
c) Herzstörungen (Endomyocarditis) mit Herzklappenaffektionen.

Differentialdiagnostik:

Arsenicum: Ängstlichkeit mit Furcht vor dem Tode. Unruhe mit Verschlimmerung von 1–3 Uhr. Erbrechen nach dem Trinken und Durst auf kleine Mengen eiskalten Wassers. Herzklopfen mit Zittern. Brennende Schmerzen, gebessert durch Wärme.

Peyotl (= Anhalonium): visuelle Halluzinationen (angenehme, kaleidoskopische), Gehörshalluzinationen (hört angenehme Musik). Herzschwäche. Myasthenie mit Untererregbarkeit der Reflexe und Inkoordination.

Rhus tox.: Schmerzen, gebessert durch Lagewechsel. Halluzinationen, glaubt man wolle ihn vergiften *(Hyos.).* Weint, weiß aber nicht warum. Zunge schmerzhaft, mit weißlichem oder bräunlichem Belag und rotem Dreieck an der Spitze. Steifheitsgefühl in Lenden und Gliedern, schlimmer beim Aufwachen, besser bei Bewegung.

Tellurium: Stirnkopfschmerzen, schlimmer links. Präcordiale Schmerzen, schlimmer beim Heben der Arme. Schmerzen in der Wirbelsäule, vom 2. Halswirbel bis zum 5. Dorsalwirbel; empfindlich bei Berührung. Chronische stinkende Otorrhoe. Hüftschmerzen rechts. Nässende, reizende, stinkende Bläschenausschläge.

Klinische Indikationen:

Anginen.
Cardialgien.
Trockene, schuppende Ekzeme.
Endocarditis – Myocarditis.
Migräne.
Chronische Ödeme der unteren Gliedmaßen.
Pelade (Alopecie).
Chronische Polyarthritis.
Halluzinatorische Psychosen.
Akuter Gelenkrheumatismus.

Potenzen:

D 10 – D 15 – D 20.

Streptoenterokokken

H e r k u n f t : Bakteriolysat aus Kulturen von Streptoenterococcus oder Enterococcus proteiformis (Abart des Streptococcus faecalis), die von der Gingiva gewonnen werden.

Pathogenese:

Wurde in die Homöopathie von Dr. POMMIER DE SANTI (Paris) im Jahre 1950 eingeführt.

Positive Diagnostik:

Abmagerung, Asthenie, Anämie.
Fieberattacken.
Migränen. Schwindel. Schlaflosigkeit.
Myalgien.

Klinische Indikationen:

Sykotische Zustände.
Gingivitis. Enterocolitis. Cholecystitis.
Chronische Sinusitis. Chronische Aphonie.
Chronische eiternde Rhinitis.
Ozaena. Chronische Angina lacunaris.
Zahndurchbruch bei Säuglingen mit komplizierenden rhinopharyngitischen, otitischen und cutanen Affektionen.
Ekzem Neugeborener.
Grippe. Anginen.

Potenzen:

D 15 – D 20.

Tetanotoxinum

Herkunft: Wird aus Tetanustoxin hergestellt.

Potenzen:

D 10 – D 15.

Indikationen:

Trismus.
Tetanie.
Parathyreogene Syndrome.

Tuberculinum

Herkunft: Es handelt sich um das alte *Tuberculinum* von Koch, das Glycerinextrakt einer Tuberkelbazillenkultur. Es werden humane und bovine Bazillenstämme verwendet, die periodisch kontrolliert und auf ihre Aktivität getestet werden. So erhält man eine sirupähnliche, durchsichtige Flüssigkeit von gelbbrauner Farbe, die honigartig riecht.

Sie enthält reichlich tuberkulinische Proteine von hohem Molekulargewicht, ferner Polyoside, Nucleinsäure, Peptone, Glycerin und Salze.

Das Präparat wird 3fach kontrolliert: auf Sensibilisierung, auf Nichtgiftigkeit und auf Aktivität.

Tuberculinum wurde in die Pharmakopoe und in die homöopathische Materia Medica von dem Belgier Mersch [1894] eingeführt und später besonders gefördert durch Dr. Nebel (Schweiz) [1902]. Letzterer hat die Aufstellung der Pathogenese auf zweierlei Art durchgeführt: einerseits indem er in der medizinischen Literatur alle Symptome sammelte und andererseits in dem er an ungefähr 50 Personen Versuche anstellte.

Pathogenese:

1. Allgemeine Symptomatologie:

Gesichtsblässe, schlechtes Aussehen.

Fortschreitender Gewichtsverlust.

Blässe mit Rötung von Wangen und Nase.

Blaue Skleren. Trockene, runzelige, heiße Haut.

Herpes labialis, hauptsächlich bei Kindern.

Krusten auf der Oberlippe, eiternde Pusteln auf der Stirn über den Augenbrauen.

Nervöser Typ, gereizt beim Aufwachen und mit allem unzufrieden, erkältet sich leicht, muß häufig die Lage wechseln, unbeständig, furchtsam, besonders vor schwarzen Hunden. Schwitzt bei der geringsten körperlichen oder geistigen Anstrengung.

Veränderlichkeit und Unbeständigkeit der Symptome.

2. Psyche und Nervensystem:

a) Psyche:

Schlecht gelaunter Typ, leicht niedergeschlagen und entmutigt, weinerliche Stimmung, Aussehen eines Hypochonders.

Schläfrigkeit tagsüber, Schwäche, Zustände von Unwohlsein mit einer Art Trunkenheitsgefühl und Zittern.

Unfähigkeit zu denken, Gedächtnisschwäche.

Verschlimmerung durch Musik.

Verzweifelt an seiner Heilung. Abneigung gegen Arbeit. Beklemmungsgefühl abends bis gegen Mitternacht. Herzangst und Geschwätzigkeit während eines Fieberanfalls. Abscheu vor dem Leben. Quälende Gedanken während der Nacht. Fühlt sich zerschlagen. Müdigkeit der Augen und Schmerzen in den Knochen.

Geistige und pulmonale Störungen alternieren.

b) Nervensystem:

Kopfschmerzen. Gefühl, als sei das Gehirn von einem Eisenreifen umspannt.

Chronische Kopfschmerzen mit Nausea, in mehr oder weniger regelmäßiger Periodizität, jede Woche, alle 14 Tage, hervorgerufen durch feuchtes Wetter, durch geistige Überbeanspruchung, durch Störungen der Verdauung oder des Magens, gebessert durch Bewegung.

Kopfschmerzen beim Geruch von Kaffee.

Kopfschmerzen über dem rechten Auge, die über den Kopf zum Hinterhaupt ziehen. Tiefsitzende, manchmal so heftige Schmerzen, daß der Pat. sich die Haare ausreißen oder auf den Kopf trommeln möchte. Schwindel. Krämpfe in den Beinen. Neuralgien – Myalgien – Parästhesien.

Kopfschmerzen bei Schülern, Studenten, Intellektuellen, schlimmer durch die geringste geistige Anstrengung.

Psychosomatische Labilität.

Schlaf schlecht, unruhig; Frösteln zu Anfang des Schlafes, dann Schlaflosigkeit von 3 Uhr ab.

Der Kranke ist unruhig, wälzt sich mit Rückenschmerzen im Bett, wacht manchmal durch den eigenen Husten auf. Hitzegefühl. Alpdrücken, der Kranke erwacht mit einem Gefühl der Angst, mit Vorahnungen eines nahen Unglücks.

3. Augen:

Augenlider geschwollen, hauptsächlich beim Aufwachen.

Häufig Gerstenkörner, mit Vorliebe am rechten Auge.

Conjunctivitis bilateralis.

Marginale Keratitis re., mit conjunctivaler Rötung, Photophobie, Schmerzen.
Herpes der Lider.
Stechende Schmerzen und Brennen der Augen, was zu häufigem Blinzeln zwingt.

4. Ohren:

Chronischer, schmerzloser Ausfluß aus beiden Ohren.
Ohrensausen. Gefühl eines Fremdkörpers im Ohr.
Otalgie mit Facialislähmung.

5. Atmungsorgane:

a) Nase:
Rötung und Anschwellung der Nase, der Oberlippe und der Wangen.
Epistaxis; Geschwürsbildung im linken Nasenloch.
Brennende, reichliche Sekretion aus dem hinteren Teil der Nase.
Nasenfurunkel mit grünlichem Eiter.
Wiederholter Schnupfen mit Niesen und Schmerzen in Zähnen und Ohren.
Niesen, wenn Pat. die Hände aus dem Bett streckt.

b) Rachen und Kehlkopf:
Schmerzen im Hals.
Anschwellung der Mandeln und des Pharynx.
Anschwellung des Kehldeckels, der leicht blutet.
Halsschmerzen am Morgen mit Trockenheit, Brennen und erschwertem Schlucken.
Schmerzhafte Schwellung der beiden Schilddrüsenlappen.
Gefühl einer Geschwulst in der Kehle.
Lanzinierende Schmerzen ziehen beim Schlucken von der linken Seite des Rachens zum Ohr. Das Schlucken fester Speisen ist erschwert.
Intermittierende schmerzhafte Heiserkeit und vorübergehende Aphonie.
Glanzlosigkeit des rechten Stimmbandes.
Anschwellung des linken Stimmbandes.
Leichte Schmerzen der linken Larynxhälfte mit erschwertem Schlucken.
Schwellung, Ödeme oder Geschwüre im Kehlkopf.
Schwellung des Ligamentum ary-epiglotticum.
Aphonie, rauhe Stimme, Trockenheit des Kehlkopfs.

c) Lungen und Bronchien:
Verlangen nach frischer Luft, Beklemmung, Atemknappheit.
Leichte Cyanose. Druckgefühl auf der Brust, Erstickungsgefühl, was aber verschwinden kann, wenn man mit dem Kranken spricht.

Asthmaanfälle, hauptsächlich bei einem Fieberstoß.
Schmerzen von vorne nach hinten quer durch die linke Lungenspitze.
Rauhes Atemgeräusch über dem rechten Schulterblatt.
Verschärfte vesikuläre Atmung an der Spitze des linken Schulterblattes und einzelne Rasselgeräusche.
Dämpfung über dem linken Schlüsselbein.
Trockene Pleuritis links.
Reizhusten, besonders abends, hindert den Kranken am Einschlafen.
Trockener, harter, hackender Husten während eines Fieberschauers, schlimmer im warmen Zimmer.
Besserung in frischer Luft, bei kaltem Wind.
Auswurf dick, gelb, häufig grünlich.
Husten verursacht Schweißausbruch, manchmal auch reißende Schmerzen im Rectum.
Schmerzen in der Brust und im Sacrum.

6. Kreislauf:

Herzklopfen, hauptsächlich morgens beim Husten, ferner nachts und während eines tiefen Atemzuges.
Stark beschleunigter Puls, Arrhythmie.
Puls schwach, dikrot, frequent, unregelmäßig.
Zirkulationsstörungen: Das Gesicht wird rot, fast violett, bei fieberhaftem Frösteln oder bei Fieberhitze.
Herzklopfen nach dem Mittagessen.
Cardialgie. – Lanzinierende oder Gürtelschmerzen.

7. Verdauungsapparat:

a) Mund:
Gefühl, als ob die Zähne lose wären.
Schmerzen an den Schneidezähnen.
Starke Zahnsteinbildung.
Übler, stinkender Atem. Schlechter Geschmack im Mund: Geschmack nach Metall oder ranzigem Fett.
Gingivitis mit Anschwellung, Bluten und Geschwürsbildung des Zahnfleischs; die Zähne erscheinen wie überzogen von einer zähen, klebrigen Masse.
Belegte Himbeerzunge.
Schmerzhafte Lippengeschwüre. Zahncaries.

Zunge mit Bläschen, welche oberflächliche, schmerzhafte Geschwüre hinterlassen.

Aphthen.

b) Magen und Abdomen:

Appetitverlust mit Druckgefühl in der Magengrube.

Nausea und Gastralgie mit Kopfschmerzen.

Schmerzen im Rachen, meist links, zum Ohr hin ausstrahlend. Erschwertes Schlucken fester Nahrung.

Ekel beim Geruch und Anblick von Nahrungsmitteln.

Abneigung gegen Fleisch; Verlangen nach kalter Milch und Süßigkeiten; nächtlicher Hunger.

Erbrechen mit Kopfschmerzen, kaltem Schweiß und allgemeiner Schwäche.

Magenkrämpfe, Auftreibung des Abdomens.

Vergrößerung von Leber und Milz.

Schmerzen in der Lebergegend mit Subikterus oder Ikterus.

Morgendliche Diarrhoe, gegen 5 Uhr mit dringendem Zwang zur Stuhlententleerung. Wäßrige, braun-schwärzliche, stinkende, im Strahl ausgestoßene Stühle.

Diarrhoe gefolgt von Schweißen und großer Schwäche.

Es kann auch Verstopfung bestehen mit dicken, harten Stühlen, abwechselnd mit Diarrhoe. Analjucken kann mit der Verstopfung einhergehen.

8. Urogenitalapparat:

Schmerzhafte Harnverhaltung.

Erschwertes, anstrengendes Urinieren beim Stuhlgang.

Häufiger Harndrang. Der Urin ist trübe, braun-rot mit gelbem Schaum, riecht nach gekochten Bohnen und enthält Eiweiß.

Hämaturie. Albuminurie mit hyalinen und granulierten Zylindern.

Schmerzen der Nierengegend, hauptsächlich rechts, der Ureteren und der Blase.

a) Männliche Genitalorgane:

Schlaffes Scrotum.

Schmerzhafte Schwellung des rechten Hodens.

Hydrocele und Epididymitis.

Schwellung der Prostata; flüchtiges Erythem des Penis.

b) Weibliche Genitalorgane:

Die Menses treten periodisch alle 20 Tage ein, sind stark und verlängert.

Schmerzen in der Eierstockgegend mit Ausstrahlung in die Lumbosacralgegend, was das Gehen erschwert.

Amenorrhoe.
Dysmenorrhoe.

9. Bewegungsorgane:

Der Kranke muß sich bewegen, alle Beschwerden und Schmerzen werden im Stehen verschlimmert.

Schmerzen der Glieder, hauptsächlich in den Gelenken.

Schmerzen im Rücken mit dem Gefühl, die Kleider seien feucht.

Ziehende Schmerzen in Beinen, Muskeln und Gelenken.

Schmerzen in der Lumbosacral-Gegend, in die Beine ausstrahlend, schlimmer bei Druck. Gefühl von Quetschung der Knochen, hauptsächlich vor einem Gewitter.

Ziehen in den Schultern; Analgesie und Parästhesie der oberen Extremitäten.

Schmerzhaftes Ziehen in Knöcheln und Füßen.

Muskelzuckungen, beim Zubettgehen oder während des Schlafes.

10. Haut:

Schweiß fleckt die Wäsche gelb, hervorgerufen durch die geringste Anstrengung, hauptsächlich geistige.

Ameisenlaufen unter der Haut.

Juckreiz in frischer Luft, schlimmer durch Kratzen.

Gänsehaut über den ganzen Körper mit Frösteln.

Scharlachähnliches Exanthem.

Violettes Ödem in Höhe der Augenbrauen, an den Haarwurzeln.

Bullöse, papulöse Hautausschläge.

Juckendes, schuppendes Ekzem, verschlimmert durch Wasser und frische Luft, mit Vorliebe hinter den Ohren, in den Hautfalten und auf der behaarten Haut.

Ekzem mit Fissuren, trocken oder nässend, stark gerötet, schmerzhaft.

Subcutanes, induriertes Knötchenerythem, manchmal mit bronzefarbenen, punktförmigen Flecken.

Haut trocken, runzelig, heiß.

11. Fieber:

Kältegefühl in der Brust und im Magen mit Kribbeln.

Frösteln, am Nachmittag mit Zittern, Erschöpfung, Hitzewallungen und Schweißausbrüchen.

Starkes Schwitzen bei Fieberabfall.

12. Modalitäten:

Besserung: In frischer Luft, durch Wind, Bewegung und Gehen.

Verschlimmerung: Durch Barometeränderungen, Gewitter, feuchte Kälte, in einem geschlossenen Raum, bei Aufrechtstehen, durch physische und hauptsächlich geistige Ermüdung, schlimmer ab 3 Uhr.

Positive Diagnostik:

a) Nervöser, leicht erregbarer, unbeständiger Typ mit Veränderlichkeit der Symptome.
b) Tuberkulinisches Terrain.
c) Verschlimmerung durch physische oder geistige Anstrengung.
d) Abmagerung, Schweiße, morgendliche Diarrhoe, Verschlimmerung durch feuchte Kälte und Wetterwechsel.

Differentialdiagnostik:

Abrotanum: Schwäche mit Abzehrung, Abmagerung hauptsächlich der Beine, Alternieren von Rheumatismus und Diarrhoe.

Argentum nitr.: Psychosomatische Schwäche mit Unruhe, Hast, morgendlicher Heiserkeit und grünlichen Diarrhoen.

Arsenicum: Ängstlichkeit, hauptsächlich zwischen 1 und 3 Uhr, brennende Schmerzen, Ödeme der Unterlider, Durst nach kleinen Mengen frischen Wassers, Abneigung beim Sehen und Riechen von Nahrungsmitteln, Diarrhoe mit Erbrechen.

Bacillinum: vgl. den entspr. Abschnitt.

Calcium phos.: Wachstumsstörungen. Abmagerung. Verschlimmerung durch kalte und feuchte Witterung. Verlangen nach geräuchertem und gesalzenem Fleisch. Kopfschmerzen der Schüler. Diarrhoe.

Drosera: Nach Margaret Tyler und L. Renard ist es ein Heilmittel bei Tuberkulose der langen Knochen und bei Keuchhusten. Trockener, bellender Husten, schlimmer nach Mitternacht. Geschwollene Halsdrüsen.

Jodum: Abmagerung, Adenopathien; Unruhe, kann nicht auf einem Platz bleiben; verschlimmert durch Wärme; Hypertrophie der Drüsen mit Verhärtung.

Kalium carb.: Akute, stechende Schmerzen, schlimmer durch Kälte und zwischen 2–3 Uhr, Anschwellung des inneren Augenwinkels, Flatulenz, nächtliches Asthma, trockener erschöpfender Husten, eitriger Auswurf.

Natrium mur.: Abmagerung mit Anämie und nervöser Asthenie infolge Kummer. Schlimmer am Meeresstrand und durch geistige Erschöpfung. Verlangen nach Einsamkeit, chronische Kopfschmerzen, Herpes der Lippen. Verlangen nach Salz. Demineralisation.

Phosphorus: Asthenischer Typ, reizbar, schnell erschöpft, fröstelig, leicht erregbar, fürchtet Gewitter. Sensorielle Überempfindlichkeit; fiebrig; Durst nach kalten Getränken, die erbrochen werden, sobald sie im Magen warm geworden sind; Schweiß, Heiserkeit, sexuelle Erregung.

Pulsatilla: Veränderlichkeit der Symptome, verschlimmert durch Wärme, Erregbarkeit, venöse Kongestion, nächtlicher Husten, verspätete spärliche Menses, Fieber mit Frostschauern im warmen Zimmer, Fehlen von Durst.

Rhus tox.: Muß sich bewegen und die Lage wechseln, um Erleichterung der Schmerzen zu erreichen. Trockene Zunge mit gerötetem Dreieck an der Spitze. Verlangen nach kalter Milch. Steifheit der Glieder, Gefühl des Zerbrochenseins in der Lumbosacralgegend. Bläschenartige, juckende, brennende Ausschläge.

Rumex crispus: Empfindlichkeit gegen frische Luft. Trockener Husten, schlimmer durch kalte Witterung. Morgendliche Diarrhoe. Jucken der Beine beim Auskleiden.

Silicea: Asthenie infolge Demineralisation, Kopfschmerzen gebessert durch warmes Bedecken des Kopfes, fixe Ideen (Nadeln), Gefühl eines Haares auf dem vorderen Teil der Zunge. Verstopfung mit Stühlen, die bei der Entleerung ins Rectum zurückschlüpfen. Große Empfindlichkeit gegen Kälte.

Sulfur: Hauptmittel bei psorischen und psoro-tuberkulinischen Zuständen. Typ des utopischen Philosophen; kann nicht aufrecht stehen bleiben; Verschlimmerung durch Bettwärme und Waschen; natürliche Körperöffnungen gerötet, brennende Füße, Alternieren von Verstopfung und Diarrhoe, Schwäche um 11 Uhr, trockene Haut mit juckenden schuppigen Hautausschlägen. Alternierende Krankheiten.

Klinische Diagnostik:

1. Allgemeines:
   Psorische Zustände.
   Psoro-tuberkulinische Zustände.
   Zustände von Demineralisation.
   Magerkeit.

Chronische Malaria.
Maltafieber.
Skrofulose.
Adenitis.
Scharlach.
Masern.
Anämie.

2. Psyche und Nervensystem:

a) Psyche:
Melancholie.
Neurasthenie.
Hysterie.
Manisch-depressives Irresein.
Pavor nocturnus.

b) Nervensystem:
Kopfschmerzen der Schüler.
Periodische Migräne.
Epilepsie.
Schlaflosigkeit.
Paresen und Paralysen der unteren Gliedmaßen.
Hydrocephalus.

3. Augen–Hals–Nasen–Ohren:
Blepharitis. Herpes der Lider.
Häufige Gerstenkörner.
Iritis und Iridocyclitis.
Phlyktänuläre Keratitis.
Chronische Otorrhoe.
Otosklerose.
Ménièresche Krankheit.
Epistaxis. Rezidivierende Nasenfurunkel.
Heuschnupfen. Adenoide Vegetationen.
Ozaena.
Chronische Laryngitis; tuberkulöse Laryngitis.

4. Atmungsorgane:
Chronische Bronchitis.
Bronchiektasie.
Lungentuberkulose.
Pleuritis sicca.
Pleuritis exsudativa.

Chronischer Schnupfen.
Asthma.
Bronchopneumonie.
Bronchitis capillaris.

5. Kreislauf:
Herzneurose.
Pericarditis exsudativa.
Pericarditis fibrinosa.
Basedow-Herz.
Altersherz.

6. Verdauungsapparat:
Spätes Zahnen.
Gingivitis. Skorbut.
Hypertrophie der Mandeln.
Hyposthenische Dyspepsie.
Ulcus ventriculi et duodeni.
Anorexie.
Enterocolitis.
Hämorrhagische Rectocolitis.
Chronische Appendicitis.
Chronische intestinale Parasitosen (mit toxischen Folgen).
Bazilläre Dysenterie.
Darmtuberkulose.
Tuberkulöse Peritonitis.
Chronische Cholecystitis.
Chronische Hepatitis.

7. Urogenitalapparat:
Enuresis.
Chronische Cystitis.
Chronische Gonorrhoe.
Chronische Nephritis mit Albuminurie und Hämaturie (tuberkulösen oder nicht-tuberkulösen Ursprungs).
Hydrocele. Chronische Prostatitis.
Chronische Salpingitis.
Metritis. Cervicitis.
Chronische, einfache, diffuse oder cystische Mastitis.

8. Bewegungsorgane:
Akute oder chronische Arthritis.
Rachitis.

Osteochondritis juvenilis.
Chronische Osteomyelitis.
Rezidivierende Verstauchungen.
Morbus KÜMMEL-VERNEUIL (Spondylopathia traumatica).
Knochen- und Gelenktuberkulose.

9. Haut:
Erythema nodosum.
Schuppende, juckende Ekzeme mit Fissuren.
Impetigo.
Herpes tonsurans.
Psoriasis. Lupus. Akne juvenilis.
Nachtschweiße.
Rezidivierende Urticaria.
Alopecia.

Potenzen:

D 10 – D 15 – D 20 – D 30 – D 60.

Anmerkungen:

Wie man beim Durchlesen der Pathogenese und der klinischen Indikationen feststellen kann, ist *Tuberculinum (T. K.)* eine diathetische Nosode von allgemeinem Wert, sowie von zuverlässiger und vielseitiger Wirkung.

Die Indikation dieses Arzneimittels geht über die Tuberkulose und ihre spezifischen Manifestationen hinaus und erstreckt sich auf eine erfolgreiche therapeutische Anwendung bei psorischen, sykotischen und natürlich auch tuberkulinischen Störungen.

Wenn man es vorsichtig und gewissenhaft verschreibt, braucht man keine Hemmung bei der Anwendung dieses Mittels zu haben.

Nach der klinischen Auffassung der französischen Homöopathie (L. VANNIER, FORTIER-BERNOVILLE, ROUY, JULIAN) soll man, wie dies auch sonst üblich ist, *T. K.* nur dann verschreiben, wenn dafür gesorgt wird, daß eine Drainage nach der Technik von NEBEL durchgeführt und zugleich das für den jeweiligen Zustand des Patienten passende Simillimum gesucht und angewendet wird. Das gilt für die gesamte Nosodenbehandlung. Wenn man so vorgeht, ist die Verschreibung der Nosoden eine große Hilfe für die praktische Arbeit des homöopathischen Arztes.

Tuberculinum Residuum Koch oder T. R.

Herkunft: Es handelt sich um eine Glycerinemulsion, welche die wasserunlöslichen Teile des Mycobacterium tuberculosis enthält.

Man verwendet die humanen Stämme P. N. – D. T. und C von Mycobacterium tuberculosis und einen bovinen Stamm. Diese Stämme werden auf einer SANTON-Kultur bei 37° 6–7 Wochen lang gezüchtet. Darauf werden sie während 1 Std. erhitzt, dann filtriert, und der Rest, der auf dem Filter verbleibt und aus den Mikrobenkörpern besteht, dient zur Herstellung des *T. R.*

Dann wird das Ganze in destilliertem Wasser suspendiert, verschiedene Male gewaschen und zentrifugiert. Der Bodensatz der Zentrifugation wird auf – 15° gebracht und bei Zimmertemperatur wieder aufgetaut. Dieser Vorgang des Gefrierens und Wiederauftauens wird etwa 10mal wiederholt. Man bekommt so eine homogene, hellbraune Masse, die in dem 20fachen Volumen destillierten Wassers suspendiert und mit 60 Stößen in der Minute von einem mechanischen Rüttelgerät 1 Std. lang geschüttelt wird. Man zentrifugiert abermals und der Bodensatz wird in Glycerin suspendiert. Nach wiederholter 1stündiger Verschüttelung filtriert man durch Gaze und erhält endlich eine opaleszierende Flüssigkeit, die das *T. R.* darstellt und zum Schluß noch auf Unschädlichkeit und Ungiftigkeit kontrolliert werden muß.

Pathogenese:

1. Allgemeine Symptomatologie:

Es handelt sich um einen blassen Menschentyp mit grauem Teint und hellvioletten Lippen, dessen Unterlippe häufig der ganzen Länge nach gespalten ist und der trotz eines gut erhaltenen Appetites abmagert.

Er leidet an periodisch intermittierenden, afebrilen Syndromen mit fibrösen Entzündungen der Aponeurosen und Gelenke.

2. Atmungsorgane:

Fibröse Tuberkulose.
Pleuritis sicca.

3. Verdauungsapparat:

Chronische fibröse, adhäsive Peritonitis.

4. Urogenitalapparat:

Urin spärlich, übelriechend.
Chronische tuberkulöse Salpingitis.

5. Bewegungsorgane:

Arthritiker vom carbo-nitrogenen Typ mit Neigung zu progredienten Ankylosen.

Zu Beginn Arthralgien mit ziehenden Schmerzen, Gelenksteifheit beim Aufwachen oder mangels Bewegung, nicht beeinflußt durch atmosphärische Veränderungen.

Dann Deformationen durch Tendovaginitis mit nachfolgenden Gelenkdeformationen, die in fortschreitenden Ankylosen und in Arthrosen enden.

Beim Befall der Ligamenta intervertebralia kommt es zu chronischer ankylosierender Spondylarthritis.

Wenn die Knorpel und Gelenke beteiligt sind, kommt es zu Bewegungsbehinderung und Schmerzen bei Bewegung (cervicale, dorsale und lumbale Arthrosen, Gonarthrosis und Coxarthrosis, Heberdensche Knötchenbildung an den Fingern und Arthrosis des Daumengrundgelenks).

6. Haut:

Haut trocken mit wenig Schweiß; Akne conglobata auf dem Rücken und den Schultern.

7. Modalitäten:

Verschlimmerung durch Ruhe.
Besserung durch Bewegung und Gymnastik.

Positive Diagnostik:

a) Gelenkschmerzen, verschlimmert durch Ruhe, unbeeinflußt durch atmosphärische Schwankungen.

b) Neigung zu fibrösen, aponeurotischen, artikulären, visceralen Gewebsveränderungen.

Differentialdiagnostik:

Baryta carb.: Gefäßsklerose mit psychosomatischen Ausfallserscheinungen.

Bryonia: Verschlimmerung durch Bewegung.

Natrium sulf.: Verschlimmerung durch Feuchtigkeit.

Psorinum: Verschlimmerung durch Wetterwechsel, Empfindlichkeit gegen Kälte; Hautausschläge mit Jucken; Gelenkschwäche.

Rhus tox.: Verschlimmerung durch feuchtes Wetter.

Sulfur jod.: Tuberkulinische Autointoxikation mit Tracheitis, Adenopathien sowie hartnäckig juckenden Hautausschlägen.

Klinische Diagnostik:

1. Allgemeines:
   Arthritische und arthro-tuberkulinische Zustände.
   Verschleppter Tuberkulinismus.
   Fibröse Tuberkulose.

2. Atmungsorgane:
   Pulmonarsklerose.
   Chronische Bronchitis.
   Fibröse Tuberkulose.
   Pleuritis sicca.

3. Verdauungsapparat:
   Peri-Duodenitis.
   Peri-Enterocolitis.
   Peri-Cholecystitis.
   Chronische fibröse, adhäsive Peritonitis.
   Perityphlitis.
   Perityphlocolitis.

4. Urogenitalapparat:
   Chronische Salpingitis.
   Chronische Metritis.
   Sterilität. Pericystitis.
   Seröse Perisalpingitis.

5. Bewegungsorgane:
   Chronisch progrediente Polyarthritis.
   Tuberkulöser Rheumatismus nach PONCET und LERICHE.

Chronische ankylosierende Spondylarthritis.
Arthrosen.
Periarthritiden.

6. Haut:
Dupuytrensche Krankheit (Schrumpfung der Palmaraponeurose).
Volkmannsches Syndrom (ischämische Muskelkontraktur).
Akne conglobata.

Potenzen:

D 10 – D 15 – D 20.
Die D 20 erscheint klinisch gesehen am geeignetsten.

Anmerkungen:

T. R. ist eine nützliche Nosode, die zwar lange Zeit braucht, um ihre klinische Wirkung zu manifestieren, die jedoch bei veralteten tuberkulösen Zuständen und bei Paratuberkulose mit fibröser Neigung verschrieben werden sollte.

Bei Arthrosen und bei dem „Rheumatismus“ von Poncet-Leriche habe ich gute Erfolge damit gehabt.

Dasselbe gilt für veraltete abdomino-genitale Syndrome.

Diese Nosode muß durchaus ernstgenommen werden.

Vaccinotoxinum

Herkunft: Wird aus dem Pockenimpfstoff der Pharmakopoe hergestellt.

Pathogenese:

1. Allgemeine Symptomatologie:

Unruhe, allgemeines Unwohlsein, Schlappheit.
Asthenie mit dem Verlangen sich zu strecken und zu gähnen.
Allgemeine Schwäche.
Kinder wollen getragen werden.

2. Psyche und Nervensystem:

a) Psyche:
Weinerlicher Typ, schlecht gelaunt.
Ungeduldig, reizbar, beunruhigt wegen seiner Geschäfte.
Krankhafte Furcht, die Pocken zu bekommen.
Nervöse Depression mit Verwirrungszustand und Vergeßlichkeit.

b) Nerven:
Nicht erquickender Schlaf.
Erwacht mitten in der Nacht durch berstende Schmerzen in Stirn und Augen.
Stirnkopfschmerzen, als ob die Stirn bersten wolle.
Gefühl von Erstarrung und Nadelstichen in der rechten Schläfengegend.
Schmerzen und Hitze im Kopf, hauptsächlich in der Stirn, während der Morgenstunden. Stechen wie von Nadeln in beiden Schläfen.

3. Augen — Hals — Nasen — Ohren:

a) Augen:
Augenlider gerötet; Conjunctivitis, Sehschwäche.
Schmerzen der Augenhöhlen und der Augen, als ob sie zerspringen wollten.
Sehstörungen; es liegt wie ein Schleier vor den Augen, hauptsächlich morgens.
Stechende Schmerzen im inneren Winkel des linken Auges.
Gefühl, als ob das Unterlid platze.
Augen und Gesicht gerötet; kleine Pünktchen im Gesicht und an den Händen

b) Hals–Nasen–Ohren:

Gefühl von Nasenverstopfung mit Ausfluß.

Nasenbluten, vorher ein zwickendes Gefühl auf dem Nasenrücken und zwischen den Brauen, besonders nach dem Frühstück.

Kältegefühl im Hals, das in die prästernale Gegend ausstrahlt.

Schwellung im rechten Parotisbereich.

Rötung und Schwellung des Gesichts.

4. Atmungsorgane:

Atemnot mit Schmerzen in der Magengrube und Beklemmung in der präcordialen Gegend.

Bruststiche links in Höhe der falschen Rippen.

5. Kreislauf:

Präcordiale Schmerzen.

Erethismus des Herzens und der Arterien.

6. Verdauungsapparat:

Zunge dick, gelb, trocken; die Papillen ragen durch den Belag hervor.

Mund und Zunge trocken.

Appetitlosigkeit, Abscheu beim Geruch und beim Anblick von Nahrungsmitteln.

Kaffee hat einen sauren Geschmack.

Schmerzen in der Magengrube mit abdominaler Auftreibung.

Lanzinierende Schmerzen in der Lebergegend.

Stechen in der Milzgegend.

7. Urogenitalapparat:

Nephritis mit Hämaturie und Albuminurie. Ödeme.

Menses stark und zu häufig.

8. Bewegungsorgane:

a) Rücken:

Rückenschmerzen, zur Lumbalgegend hin abnehmend, strahlen um die Taille aus.

b) Obere Gliedmaßen:

Schmerzen im linken Arm; dadurch Schwierigkeiten, wenn der Pat. morgens aufstehen will.

Schmerzen der Handwurzeln und der Hände mit einem Gefühl wie von einem warmen Luftzug.
Steifheit, Rötung und Zittern des linken Armes.
Gefühl von Erstarrung und Brennen des 4. Fingers links.
Keloide in der Impfnarbe.

c) Untere Gliedmaßen:
Gefühl, als ob der linke Schenkel ausgerissen würde.
Schmerzempfindung in den unteren Gliedmaßen wie nach einer großen Erschöpfung.
Beine schmerzhaft, schwer zu heben.
Gefühl von Zermalmung der Knochen und als ob sie verkürzt seien.
Druckschmerzen in den Knien.

9. Haut:

Trockene Haut.
Kleine Knötchen und rote Pusteln an beliebigen Körperstellen nach Hitze.
Pusteln von dunkelroter Farbe, erhöht, rund oder länglich, die einen gelbgrünlichen Eiter enthalten und an der linken Rumpfseite, zwischen den Schultern, auf der linken Schulter, hinter dem rechten Ohr sitzen.
Pockenartige, juckende Pusteln, von der Größe einer kleinen Erbse mit einer kleinen zentralen Einbuchtung und einer Verhärtung an der Basis.
Brennende Stiche auf der ganzen Körperhaut, vorwiegend auf der Stirn und der Kopfhaut.

10. Fieber:

Fieber mit starker Hitze, Durst, Unruhe, Weinen.
Abscheu vor Nahrung.

Positive Diagnostik:

Unruhe, Ungeduld, Reizbarkeit.
Conjunctivitis und Rhinitis.
Fieber. Anorexie.
Schmerzen im Rücken und in den Gliedern mit dem Gefühl starker Ermüdung.
Bläschen- oder Pustelausschlag mit brennenden Schmerzen der Haut.

Differentialdiagnostik:

Arsenicum: Bullöser Ausschlag, Brennen wie von glühenden Kohlen, schlimmer zwischen 1 und 3 Uhr, Unruhe und Ängstlichkeit.

Mezereum: Bläschenausschlag mit gelblichem Eiter; Brennen schlimmer im Bett mit starkem Juckreiz.

Rhus tox.: Bläschenausschlag, brennend und juckend. Zunge trocken mit einem roten Dreieck an der Spitze.

Klinische Diagnostik:

1. Allgemeines:
Vorbeugungsmittel gegen Pocken.
Desensibilisierung der Pockenimpfung.
Sykotische Zustände.

2. Psyche und Nervensystem:
Depressive Psychose.
Kopfschmerzen.

3. Augen–Hals–Nasen–Ohren:
Conjunctivitis. Blepharitis.
Iritis. Phlyktänuläre Keratitis.
Eitrige Rhinitis.

4. Bewegungsorgane:
Polyarthrose.
Periartikulärer Rheumatismus der Sehnen und der Muskeln.
Rheumatische Lähmungen.

5. Urogenitalapparat:
Postvaccinale Nephritis.
Hämaturie. Albuminurie. Ödeme.
Hypermenorrhoe.

6. Haut:
Windpocken. – Herpes zoster. – Herpes simplex.
Erysipel.
Bindegewebsphlegmone.
Akute Ekzeme.

Potenzen:

D 10 – D 15 – D 20.

Anmerkungen:

Vaccinotoxinum ist eine gute Nosode, aber weniger wirksam als *Variolinum.*

Ich verwende es bei Herpes zoster, u. zw. von Anfang an zusammen mit *Staphylococcinum, Rhus tox.* und *Ars.* in Hochpotenzen und häufiger Wiederholung.

Ich habe klinische Fälle mit schneller Heilung von Herpes zoster in meinem Buch „Etudes Homéopathiques, cliniques et thérapeutiques" Bd. 1 (Paris. Editions Peyronnet) beschrieben. Selbstverständlich hat man auch manchmal weniger gute Resultate. Aber *Vaccinotoxinum* bleibt trotzdem eine gute und brauchbare Nosode.

Variolinum

H e r k u n f t : Ein Mikrobenlysat aus der serösen Flüssigkeit von Pockenpusteln.

Pathogenese:

1. Allgemeine Symptomatologie:

Krankhafte Furcht, die Pocken zu bekommen.
Allgemeine Ermüdung. Unruhe.
Schwere Windpocken.
Pockenartige Zustände.

2. Psyche und Nervensystem:

Heftige, unerträgliche Hinterkopfschmerzen.
Gefühl eines Bandes, das um den Kopf gepreßt ist.
Geschwollene Augenlider. Taubheitsgefühl.
Schwindel.
Sehen grüner Farben beim Aufstehen.

3. Atmungsorgane:

Beklemmung.
Hals empfindlich, wie zusammengeschnürt.
Kloßgefühl an der hinteren Rachenwand rechts.
Husten mit Auswurf von klebrigem, dickem, blutigem Schleim.

4. Verdauungsapparat:

Jeder Geruch verursacht Übelkeit.
Kupferähnlicher, fauliger Geschmack.
Die Zunge hängt während des Schlafes aus dem Mund.
Tympanismus. Erbrechen. Diarrhoe.

5. Bewegungsapparat:

Starke Schmerzen im Lumbosacralbereich.
Marternde Rückenschmerzen, die in den Bauch ausstrahlen.
Wehtun der Glieder und Schmerzen in den Handwurzeln.
Gefühl, als ob eiskaltes Wasser wie ein dünner Faden den Rücken hinunterlaufe.

6. Haut:

Haut trocken, heiß. Petechien.
Bläschenausschläge; Petechien.

7. Fieber:

Hohes Fieber mit heftiger, ausstrahlender Hitze.
Starke, unangenehme Schweiße, schlechter Geruch.

Differentialdiagnostik:

Vaccinotoxinum: vgl. den entspr. Abschnitt.
Malandrinum: vgl. den entspr. Abschnitt.

Klinische Diagnostik:

Vorbeugungsmittel bei Pocken.
Varicellen. Herpes zoster.
Rachialgien.
Postherpetische Neuritis.
Akne pustulosa.
Postvaccinale encephalitische Affektionen.
Sykotische postvaccinale Zustände (Spätzustände nach Pockenimpfung).

Potenzen:

D 10 – D 15.

Yersinsches Serum

H e r k u n f t : Wird aus dem Anti-Pest-Serum der Pharmakopoe hergestellt.

Potenzen:

D 15 – D 20.

Indikationen:

Diese Nosode, die von FOLLEY, einem nichthomöopathischen Arzt, angegeben wurde, wird von BARISHAC, CHAVANON, ROUSSEAU bei Grippe empfohlen.

Anmerkungen:

Man kann außer den homöopathischen Heilmitteln, die durch das jeweilige Symptomenbild des Kranken angezeigt sind, auch noch *Oscillococcin.*, *Pyrogenium*, *Influenzinum* und das *Yersinsche Serum* verschreiben. Die letztere Nosode ist ganz besonders angezeigt, w e n n d e r g r i p p a l e A f f e k t v o r h e r r s c h e n d p u l m o n ä r e n C h a r a k t e r h a t , verbunden mit h e f t i g e m F i e b e r und A t e m b e k l e m m u n g e n , m i t s c h l e i m i g e m , d i c k e m , r ö t l i c h e m A u s w u r f und mit K r e p i t a t i o n .

Literatur

ALBAHARY, C.: Maladies Médicamenteuses d'ordre thérapeutique et accidentel. Paris 1953. Verlag Masson.

ALLEN: The Materia Medica of the Nosodes. Philadelphia 1910. Verlag Boericke & Tafel.

ALLENDY: Les Nosodes (Annales Homéopathiques de l'Hôpital St. Jacques, März — April 1932).

ALLOUARD: Les Tuberculines (Actes Société Rhodanienne d'Homéopathie Januar 1953).

Actes de la Société Rhodanienne d'Homéopathie 1956, — Band 2: Beiträge der Drs. MARTINY, J. JARRICOT, COUTURIER, LAMASSON, DANO.

Les Annales Homéopathiques Françaises, Jahrgang 8 [1958]: Heft über die Sykose.

Archives Homéopathiques de Normandie, 4. Jahrgang, Nr. 15: Heft über die Colibacillose.

AVERSENCQ: L'Isopathie n'est pas une médecine identique (Courrier des Médecins Homéopathiques Français, 2. Jahrgang [1958], Nr. 9).

—: L'Isopathie n'est pas une médecine identique (Revue Belge d'Homéopathie 1957, S. 207).

BARDOULAT: Le vétérinaire Lux de Leipzig. (L'Homéopathie française 1959, S. 235).

—: Indications de Pyrogenium en Homéopathie vétérinaire. (l'Homéopathie Française 1950, S. 485).

BARRUCAUD: Fièvre aphteuse. Isotherapie. Homéopathie. (L'Homéopathie française 1953, S. 54).

BAUR: Le psychisme de Tuberculinum. (Les Annales Homéopathiques françaises 1958, Nr. 1).

—: Notes sur Syphilinum (Les Annales Homéopathiques françaises 1. Jahrgang [1958], Nr. 2).

BAYLE et J. GALLAVARDIN: Psorinum. (Propagateur de l'Homéopathie. Nr. 12 [3L. 12. 12.]).

BENARD: Les états aigus en médecine rurale. Observations cliniques. (Archives Homéopathiques de Normandie. 1. Jahrgang, Nr. 4 [Nov. 56]).

BERNARD, H.: Nouveau Traité d'Homéopathie. Angoulême. Verlag Coquemard.

—: La Reticulo-endothéliose chronique ou Sycose. Angoulême. Verlag Coquemard.

BÖNNINGHAUSEN: Remèdes Anti-Psoriques. Franz. Übersetzung von BACHMETEF und Dr. RAPOU. Paris 1834. Verlag Baillière.

—: Manuel de Thérapeutique Homéopathique. Franz. Übersetzung von Dr. ROTH. Paris 1846. Verlag Baillière.

BOERICKE: Materia Medica. 1927.

BROTTEAUX: Homéopathie et Isopathie. Paris 1947. Verlag Peyronnet.

Bulletin de la Société Médicale Homéopathique d'Aquitaine, 5. Jahrgang, Nr. 9 und 10. [Juni/Juli 1954]. Tuberculine und Tuberculinisme: Heft über Beiträge von R. ZISSU, DEMARQUE, BERNARD, SCHNETZLER, WURMSER, ILIOVICI, LAMASSON, TETAU.

CANTÉGRIST: Un cas d'Isothérapie (L'Homéopathie française 1958, S. 117).

CARTIER, F.: Thérapeutique des voies respiratoires. Paris 1920. Verlag Baillière et fils.

—: Traité complet de Thérapeutique Homéopathique. Paris 1929. Verlag Baillière.

CHARETTE, Gilbert: La Matière Médicale pratique. Paris 1928. Verlag Editions Médicales.

CHAVANON, P.: Thérapeutique O.R.L. homéopathique. Niort 1935. Verlag Imprimerie Saint Denis.

CHAVANON, Paul: La Diphtérie. Niort o. J. Verlag Imprimerie Saint Denis.

CHIRON, J. P.: Eczema et Tuberculinisme (Cahiers d'Homéopathie et Thérapeutique comparée 1947—48, S. 20).

Collet, T. J. M.: Isopathie. Paris 1902. Verlag Vigot Frères.
Courrier des Médecins Homéopathes français, 1. Jahrgang [1957], Nr. 8 u. 9: Heft über die Grippe.

Dano, Georges: Contribution à la thérapeutique des accidents allergiques et de leurs équivalents. (Les Annales Homéopathiques Françaises. 1. Jahrgang [1958], Nr. 3).
Danos, Jacques: Bacillinum ou Bacilles K (Cahiers d'Homéopathie et Thérapeutique comparée 1945 S. 349).
—: L'Avenir des Nosodes (Cahiers d'Homéopathie et Thérapeutique comparée 1946 S. 297).
—: Les Nosodes dans la nouvelle pharmacopée Homéopathique (Revue française d'homéopathie 1947, Nr. 3 [Juli]).
Daull: Otites et tuberculines (Homéopathie française 1953, S. 18).
Desjars: La Colibacillose (L'Homéopathie Française 1952, S. 72).
—: Commentaires sur une centaine de cas de grippe (L'Homéopathie française 1952, S. 434).
Dewey, W. A.: Katechismus der reinen Arzneiwirkungslehre. Ulm/Donau 1958. Karl F. Haug Verlag.
Dubost: Sémiologie clinique et thérapeutique de l'hérédo-syphilis (L'Homéopathie française 1954, S. 2 u. 70).
Dufilho: Pyrogenium et Penicilline (L'Homéopathie française 1952, S. 275).
Duprat, H.: Traité de Matière Médicale Homéopathique Paris 1948. Verlag Baillière.

Encyclopédie Médico-Chirurgicale: Intoxications.

Fallex, Jean: Antibiotiques — Fongiques et Sycose (Courrier des Médecins Homéopathes français 1959, Nr. 22 [April]).
—: Une nouvelle forme de Sycose: La Mycosycose (Actes de la Société Rhodanienne d'Homéopathie 1955. 4e trim.)
Farrington: Matière Médicale Homéopathique. 1934.
Ferriot: Quelques observations de Pyrogenium (L'Homéopathie Française 1949, S. 174).
Fortier-Bernoville: Comment guérir par l'Homéopathie.
Foubister, D. M.: Indication pour l'usage de certains nosodes (Revue Belge d'Homéopathie 1954, Nr. 4, S. 339).
Foubister: Carcinosin (British Homeopathic Journal XLVII [1958], Nr. 3).

Gallavardin, J.: Morbillin (Propagateur de l'Homéopathie, Nr. 12 [31. 12. 1912]).
Gally: Hérédo-spécificité, la Sycose et le Tuberculinisme (Revue française d'Homéopathie 1949, Nr. 4 [Dezember]).
Granikova, T. A.: Kratkoe Rukovodsvo po Homeopathie (russisch). Moskau 1956.
Guermonprez: Penicillinum (L'Homéopathie Française 1954, S. 197 u. 265).

Hodiamont: Venins et Remèdes du Règne Animal en Homéopathie. Bruxelles 1957.
—: Remèdes végétaux en Homéopathie. Paris. Verlag Baillière.
Homéopathie Moderne, 3. Jahrgang, Nr. 16 [15. Oktober 1934]: Heft über die Colibacillose.
Homéopathie Moderne, 3. Jahrgang, Nr. 18 [15. November 1934]: Heft über die Grippe.
Homéopathie Moderne, 1. Jahrgang [1. November 1932]: Heft über die homöopathische Therapeutik der Tuberkulose.
Homéopathie Moderne, 5. Jahrgang, Nr. 6 [15. März 1936] u. Nr. 4 [15. Februar 1936]: Hefte über die Isopathie und die Nosoden.
Homéopathie Moderne, 6. Jahrgang, Nr. 2 [15. Januar 1937]: Matière Médicale des principaux Nosodes.
Homéopathie Moderne, 1. Jahrgang, Nr. 7 [1. November 1932]: Heft über die Tuberkulose.
Homéopathie Moderne, 5. Jahrgang, Nr. 20 [15. Dezember 1936]: Matière Médicale des Principaux Nosodes.

Homéopathie Moderne, 7. Jahrgang, Nr. 1 u. 2 [Januar 1938]: P. VINCENT: Pyrogenium (Bericht über die Konferenz von L. JACOB).
Homéopathie Moderne, 7. Jahrgang, Nr. 4 [15. 2. 1938]: R. GOIFFON u. H. PRÊTET: A propos des „nosodes intestinaux" de Bach.
Homéopathie Moderne, 7. Jahrgang, Nr. 4 [15. 2. 1938]: P. VINCENT: Medorrhinum (Bericht von L. JACOB).
Homéopathie Moderne, 7. Jahrgang, Nr. 10 [15. Mai 1938]: P. VINCENT: Luesinum.

ILIOVICI, K.: Le portrait de Medorrhinum (L'Homéopathie Française 1952, S. 84).
ILIOVICI, Mme Dr.: Essai de comparaison et de synthèse sur l'étude des cinq principales tuberculines (L'Homéopathie française 1949, S. 146 u. 266).

JANNOT: Une thérapeutique de fonction Allo-Homéopathique Isotherapie sanguine injectable (L'Homéopathie Française 1957, S. 25).
—: Possibilités et limites de l'isothérapie injectable (L'Homéopathie française 1957, S. 606).
JARRICOT: Dix questions sur l'Isopathie (Le Propagateur de l'Homéopathie. 1938, Nr. 1 [Januar]).
—: Sur la pratique contemporaine de l'Isopathie en France (Le Propagateur de l'Homéopathie 1939, Nr. 7 [Juli]).
JOUSSE: Les Nosodes intestinaux (Bulletin du C. H. F. 1952, 2. Halbjahr).
—: Quelques observations de Luesinum (L'Homéopathie française 1933, S. 482).
JOUSSET, Pierre et Marc: Mémorial de thérapeutique homéopathique. Paris 1920. Verlag Baillière.
JULIAN, O.: Etudes Homéopathiques Cliniques et Thérapeutiques. Paris 1958. Verlag Peyronnet.
—: A propos de la syphilis à sérologie irréductible (Cahiers d'Homéopathie et Therapeutique comparée 1955, Bd. 2, S. 157).

KENT's Arzneimittelbilder. Vorlesungen über homöopathische Materia medica. Ulm/Donau 1958, Karl F. Haug Verlag.
KOLLITSCH, P.: Homéopathie. Paris 1955. Librairie Maloine.
KOPP: Homéopathie et syphilis secondaire (L'Homéopathie française 1949, S. 18).
—: Homéopathie et Colibacillose (L'Homéopathie française 1949, S. 397).

LAMASSON: Etude patho-genetique de Poumon Anaphylactique (Bulletin Société Homéopathique d'Aquitaine 1958, Nr. 4 [Januar]).
LAMOUROUX: Traitement isopathique de la „maladie de la patte dure" du chien (Revue française d'homéopathie 1953, Nr. 1).
LATHOUD: Etudes de Matière médicale homéopathique. Vienne (Isère) 1932 Verlag Martin u. Ternet.
LEFFORT: Portrait de Medorrhinum (Bulletin de la Société de Médecine Homéopathique d'Aquitaine 1953, 3).
—: Particularités psychiques de Colibacill. (Bulletin Société Homéopathique d'Aquitaine 1954, Nr. 7).
LE TELLIER: La Tuberculose pulmonaire (Annales Homéopathiques de l'Hôpital Saint Jacques Januar 1933).
LICINIO, Condoso (Rio de Janeiro): Dynamotherapie autonosique ou traitement des maladies par leurs agents et leurs produits dynamisés. 1923.

MARTIGNOLLES: Traitement des diverses maladies par l'Isothérapie sanguine injectable en Côte d'Ivoire (L'Homéopathie française 1957, S. 498).
—: Isopathie dans la Peri-Pneumonie (L'Homéopathie française 1958, S. 500).
MAYEUR, F.: Traitement d'états pathologiques divers par la désensibilisation ou traitement Anti-Allergique (Revue Belge d'Homéopathie 1949, 2).
—: Traitement d'affections allergiques et autres par la désensibilisation spécifique Hahnemannienne (L'Homéopathie française 1957, S. 214).

Nash: Principes de thérapeutique homéopathique, übersetzt aus dem Englischen von Dr. Borliachon. Paris 1950. Verlag Doin.
Nebel: Traitement isopathique des affections malignes (Actes du Congrès de la L.H.I. 1931. Genf).
Noailles: Deux cas de Pyrogenium (Cahiers d'Homéopathie et Thérapeutique comparée. 1945, S. 389).

Pahud, Charles: Enquête sur la valeur des vaccinations homéopathiques (Journal Suisse d'Homéopathie 1959, Nr. 4).
Paterson, John: Les Nosodes Intestinaux (Compte rendu des Journées Rhodaniennes d'Homéopathie Lyon 1949. L'Homéopathie Française 1949, Nr. 9 [November]).
—: Morgan-Gaertner Nosode intestinal complémentaire de Lycopodium. Übersetzt von Dr. Renard. (Revue française d'Homéopathie 1949, Nr. 3 [September]).
Pfister: Traitement des Psychoses, notamment de la schizophrénie, par la méthode néo-hippocratique complétée par le traitement homéopathique et isopathique. (Actes du 1er Congrès International de Médecine Néo-Hippocratique 1937).
Pichet, L.: Courtes notes sur 25 ans de pratique de l'Isothérapie (Propagateur de l'Homéopathie 1938, Nr. 9 [November]).
Poisson: Observations de malades guéris par le nosode Paratyphoïd B. (Les Annales Homéopathie Françaises. 2. Jahrgang, Nr. 1 [Oktober 1959]).
Pommier de Santi: Etude theorique et pratique d'un nouveau nosode de la Sycose: Le Streptoentérocoque (Revue française d'Homéopathie 1950—1951, Nr. 4).
—: Medorrhinum. Remède primordial en O. R. L. (Revue française d'Homéopathie 21. Mai 1952).
Poret: La Conférence du Dr. Allendy (Homéopathie Moderne. 1. Jahrgang, Nr. 5 [Oktober 1932]).

Rapports de la Fédération Nationale des Sociétés Homéopathiques de France et de l'Union Française. Vienne (Isère) 1955. Verlag Ternet u. Martin.
Renard: Anthracinum (L'Homéopathie Moderne, 2. Jahrgang, Nr. 8 [15. April 1933]).
—: Les Nosodes (L'Homéopathie Moderne, 5. Jahrgang, Nr. 9 [1. Mai 1936]).
Rousseau: Tuberculines et Asthma (Revue française d'Homéopathie 1949, Nr. 3 [Septemb.]).
Rouy, A.: Thérapeutique Homéopathique d'après 30 ans de pratique. Bd. 1, 2, 3. Paris 1951. Verlag Vigot.

Schepens, E.: Etude de quatre grands nosodes: Syphilinum, Tuberculinum, Medorrhinum, Psorinum (Revue Belge d'Homéopathie 1949, Nr. 2 ff).
Schmidt, Roger: Brucella, nosode rarement employé (Les Annales Homéopathiques françaises 1959, Nr. 2.)
Sevaux et Emar: Contribution à l'étude de l'action biologique des dilutions homéopathiques: Streptococcinum 7 CH et 9 CH (L'Homéopathie française 1959, S. 197).
Stauffer: Homöotherapie. Stuttgart 1950. Hippokrates Verlag.
—: Klinische Homöopathische Arzneimittellehre. Regensburg 1955. Verlag Johannes Sonntag.
Stiegele, A.: Homöopathische Arzneimittellehre. Stuttgart 1949. Hippokrates Verlag.
—: Klinische Homöopathie. Stuttgart 1955. Hippokrates Verlag.
Susini: Deux observations de Luesinum (L'Homéopathie française 1954, S. 208).

Tetau, Jean et Max: Les Biothérapiques (Revue française d'Homéopathie 1956, Nr. 1).
Tetau, Max: Les nouveaux biothérapiques (Les Annales Homéopathiques françaises 1958, Nr. 2).

Vannier, Henri: Le rôle des Biothérapiques dans les troubles psychiques. (L'Homéopathie française 1959, S. 85).
Vannier, Léon: L'action des tuberculines diluées (Bulletin du C.H.F. 1950, 2. Halbjahr, S. 34).
—: Les Cancériniques. Paris 1952. Verlag Doin.

VANNIER, Léon: Les Tuberculiniques. Paris, Verlag Doin.
—: Précis de Mat. Méd. Homéopathique. Paris 1958. Verlag Doin.
—: Thérapeutique Homéopathique.
VANNIER, Pierre: T. K. et T. R. (Cahiers d'Homéopathie et Thérapeutique comparée 1958, 2. Bd.).
—: Syphilinum et Medorrhinum (Cahiers d'Homéopathie et Thérapeutique comparée 1958, 3. Bd.).
VOISIN: Traité de Thérapeutique et Repertoire Homéopathique clinique.
—: Matière Médicale Homéopathique clinique. Annecy 1949. Verlag Imprimerie Moderne — G. Ducrot.

WURMSER, L.: Les Biothérapiques. (Mitteilung an C.H.F., November 1955).
—: Qu'est-ce qu'un Isothérapique? (Mitteilung an C.H.F., November 1956).

ZISSU: Constitutions, tempéraments et toxines (L'Homéopathie Française 1949, S. 50).
—: Les Nosodes Tuberculiniques (Bulletin-du-Syndient National des Médecines Homéopathes français 1960, Nr. 3, 4).